# 居室亦园林

# A House is also
# a Garden

金秋野　著　　Jin Qiuye

東華大學出版社 上海

# 前言 Preface

# 思考 Background

# 话题 Observations

# 目录  Content

## 案例  Case Studies

## 结语  Epilogue

# 前言

## Preface

本书是之前 5 年，即 2017—2022 年的工作记录。大概从 2010 年起，我开始对过往的工作进行阶段性总结，出版了三本书：《尺规理想国》《异物感》和《花园里的花园》，都是研究或评论，将思考的痕迹以文字形式记录下来。如今却转换了媒介——把文字替换成小小的实践项目，可以说，记录的形式跟随工作内容有了很大的变化，但思考还是延续的。这本书关心的三个层面，即集体的、个体的和专业的，在此前的工作中都有所体现，在这里也有延续。

从集体层面来讲，50 年来中国人的居住模式发生了重大的转变。无论城乡，都逐渐从平房、院落式变为楼房、公寓式。庭院生活消失的同时，邻里关系和人际交往也发生了重大转变。传统的家族式、互助式生活经验，转变为家庭式、商品化的操作模式。比如搬家，以前是亲朋好友一起动手，现在变成在相关 app 上雇佣专业团队，支付报酬。这个转变渗透到衣食住行的方方面面，使"公共"与"私密"的边界线一推再推，人的"个体意识"实际上是大大强化了。而集体主义，特别是最近的十年中，并无彼长此消的趋势，社会上软的硬的"围栏、门禁和边界"越来越多，公共空间也处在大数据的注视之下。于是个体与集体之间张力越来越大，这在中国历史上从未发生过，将在 00 后等新生代身上更加凸显。随着社交和公共活动更多转移到虚拟空间，"家"是最温暖的港湾。

从个体层面而言，"奋斗"几乎可以说是几代人共有的行动指南。可以说，在长期的共同奋斗中，个体和个性、感受和诗意，都被大大压抑了。与之相伴随的，是对"创造性"的理解偏差。在"集中力量办大事"的思路下，诗和远方都成了让人奢望的事。我们都知道，建筑学的一个根本问题就是居住问题。集体主义的理想是"居者有其屋"，个体的理想还要更进一步，做到"屋中有风景"。普通人的居所体现出一个时代、一个社会的平均审美水平和文明程度，但往往是不可见的。过去几十年，在市场化的大潮中，私人居室令人痛心的

同质化和庸俗化，已经达到了时代病的水平，并在网络时代遭遇了剧烈的反弹，一时之间宣扬"生活美学"的文章、图片和视频等铺天盖地。人们满足于把别人的图像复制到自己的家中，如维多利亚风、北欧风、日韩风、孟菲斯风，却很少深入思考，比如：属于我们这个时代的生活美学应该是怎样的，它是否可以拥有独特的设计语言？毕竟我们能以图片识别的所谓"风格"，都是某时某地某些和我们一样的普通人的生活见证。

从专业层面而言，建筑学必须关注个体的居住问题。如果我们这个时代的建筑记录都是公共建筑或无个性的集合住宅，那将是不可想象的，因为历史上没有一个时期是这样的。是否可以这样说：只有住宅的业主才是真正的个体业主，代表了个体的意志和想象力。建筑师除了为业主服务，也要为专业服务，站在专业的思想脉络中去思考生活形式的语言问题。我们面对的设计条件是苛刻的：只有内部没有外部的集合住宅室内、缺乏规范化的市场和性价比很低的产品、文化水平较低的施工方和严苛的预算，以及建筑行业对居室设计的不理解、不认同。但正是在这种"坚硬"的现实条件下，形式才有了坚实的理由，让它不至于像是浮光掠影或逢场作戏。

我们一直借助这些条件，甚至依赖这些条件，来实现居室风景的追求。2019 年，我在剑桥大学做过一场讲座，名字叫《日常空间之远》，讨论生活的诗意和美，如何通过现有的物质条件来实现。现代中国集合住宅的根本问题是有限的、僵化的套型空间和无穷的、复杂的生活需求之间的矛盾。可以说，世界上最反标准化的业主就是住宅业主。为了满足千变万化的生活需求，同时适应不规则的基础户型，我们顺势而为但无所不为，结果反而促成了很多奇思妙想，塑造了一系列虽紧凑但丰富的、各具形态的功能空间。我们的基本手法，类似于园林的空间安排，是通过顺畅的流线和合理的功能组织，塑造多孔多窍、声气相通

的内部空间，像千层糕或太湖石的内部，有丰富的层次和段落，小中见大，塑造"日常空间之远"。这个"远"是打比方，不是真的远，以局部喻整体。这跟园林的思路是一样的，小空间有小的做法。其实，中国园林从古至今也一直面对着空间压缩的问题，从广袤的苑囿变成局促的庭院，但对"远"的追求是一以贯之的。这时候，如何折叠空间、设置屏障、连通视线、经营位置，就成了核心设计问题。使用强有力的设计语言来切割空间，创造身体可以进入和体验的趣味，释放出小空间蕴藏的大能量，不依赖于花木，仅凭日常家具器物的摆放来实现"错落有致""曲折无尽"的园林感，是我们在这一组居室改造中尝试的目标。这些尝试是非常粗浅的，过多的限制条件也压制了可能性，但在 1:1 的真实尺度上、不牺牲功能的前提下，探讨中国城市住宅内部空间的可能性，也不失为一个具有一定普遍意义的专业问题。

我把这本书命名为《居室亦园林》。园林的定义是否可以拓展到居室空间？这是开篇突出的问题，而这本书所呈现的内容，也是在解答这个问题。随着人居环境越来越去自然化，"园林"的定义也一直在发生变化。我更愿意用"居室的园林性"来打通现代与传统、建筑与园林的分野，在小小的居室中，实现实体与空间、功能与审美的反复转换。我们强调 1:1 的内蕴视野，其实 1:1 的优势就是身体的直接介入，即"第一人称视角"。可以说，只有在这样的立场下，空间才谈得上"以人为本"。我认为，这也是传统建筑学通往未来虚拟时代的建筑学的门径。

金秋野

2022 年 2 月 17 日

# 思考

# Background

# 非空非非空：
## 园林、湖石、剖碎和三维空间的复杂性综论

# Void is not Void:
## Garden, Lake Rock, Poché, and
## the Complexity of 3-dimensional Space

"剖碎"（法语：poché）[1][1] 是巴黎美术学院教育体系（布扎体系，即 Beaux-Arts）中的核心概念之一 [2]，在现代主义兴起之后则较少被提及。我们认为，"剖碎"是理解空间形态的一把钥匙。狭义上说，"剖碎"是西方古代建筑，特别是文艺复兴至古典复兴时期的造型手段，由此划分主次、建立整体平面逻辑、获得完型核心空间；广义上说，"剖碎"是一种空间关系，讨论相互毗邻的实体与空间如何相互定义、相互转换。

广义的"剖碎"促使我们思考古典建筑平面、园林中的太湖石、勒·柯布西耶（Le Corbusier, 1887—1965）手中的漂流木、达·芬奇（Leonardo da Vinci, 1452—1519）绘制的头骨和城中村迷宫般的街巷间广泛的同构关系。本文即建立在这种认知的基础上，从观念和模拟两个角度，讨论霍伊斯里（Bernhard Hoesli, 1923—1984）的《作为设计手段的透明性形式组织》（Transparency-Instrument of Design）、文丘里（Robert Venturi, 1925—2018）的《建筑的复杂性与矛盾性》（Complexity and Contradiction in Architecture）第九章，及柯林·罗（Colin Rowe, 1920—1999）的《拼贴城市》（Collage City）第三部分在这个问题上的未尽事宜。

"剖碎"这个古老命题的现代意义，似乎同路易斯·康（Louis Isadore Kahn, 1901—1974）的空心结构 [2)]、柯布的洞穴空间一样，建立在对古代废墟的观察之上；更广泛意义上的"多孔多窍"的空心结构 [3)]，则存在于从城市到蚁穴、从宇宙到细胞的多层级的空间形态中，构成了人类空间意识的底色，由此，人们能在不同时代、不同事物中敏感地发现"剖碎"。简单地将其理解为一种古典建筑法则，是不能穷其源、尽其意的。正如卡普尔（Anish Kapoor, 1954—）所说，"这就是我感兴趣的点：虚空 / 当它不再是洞的那一刻 / 一个充满了'不存在'的空间。"[3] 这个存在于实体中的"不存在"空间，正是远古人类躲避猛兽的栖身之所、实体世界的倒影、老子的陶罐和风箱 [4)]，是三维空间的"洞穴喻"。"当它不再是洞的那一刻"，就是它"非空非非空"的真容显现之时。

## 1."剖碎"与空心结构

据传，路易斯·康费城办公室的座位上方，悬挂着一幅乔凡尼·巴蒂斯塔·皮拉内西（Giovanni Battista Piranesi, 1720—1778）凭想象绘制的帝国时期罗马地图（图1a）。这幅地图深入到街区层级，连建筑内部都加以表现。结果，城市成了一个内外不分的连续人造空间，向外不断蔓延，直到被城墙

1)
最早由童寯先生翻译为"剖碎"。参见参考文献 [1]。

2)
原文："Adoption of the hollow structural form". Cacciatore F. The wall as living place: Hollow structural forms in Louis Kahn's work[M]. Italy: LetteraVentidue Edizioni, 2014: 45-55.

3)
"多孔多窍"（porosity）来描述城市空间形态，是受到本雅明的启发。金秋野. 关于历史真相的支离叙述——本雅明和他的城市研究 [J]. 建筑学报, 2017(07):120-121.

4)
出自《道德经》第十一章。原文：埏埴以为器，当其无，有器之用。凿户牖以为室，当其无，有室之用。故有之以为利，无之以为用。王弼. 老子道德经注 [M]. 北京：中华书局，2011:26.

截住（图1b）。城墙以内的部分可以看作一个巨型"建筑"，由很多房子组成。每座房子都成为其他房子的外形依据，生出层层嵌套的内外关系。街道和建筑外墙都是平行双线，填实即为外墙，留空即为街道。整个城市像是无数个"泡泡"挤压、渗透、叠加，形成巨大的"空心结构"。

图1a 图1b:
皮拉内西绘制的罗马地图整体（1761）>
皮拉内西绘制的罗马地图局部（1761）>

5)
路易·康在奥特罗国际会议总结大会上的演讲："每个空间都有其独特的定义……服务空间与被服务空间（served and servant spaces）是两个不同的东西，平面应该从这里入手……建筑师应当思考出一种方式可以把服务空间放进去，并且不影响整个空间……但是你不能把这个问题与其他问题分开解决。"《大师》编辑部.建筑大师MOOK丛书：路易斯·康[M].武汉：华中科技大学出版社，2007:19.

6)
原文"笔者发现唐·柳柳州说的极为精辟概括……不是非常明白的吗？"。参见参考文献[5]。

路易斯·康成熟期建筑中的"古典性"，很大程度上是在复述这种有趣的空间经验。例如，康对"服务空间"的转化，是将空间的"边角余料"、一些消极的"占位体"隐藏在实体中，成为"被服务空间"的自然边界[5]，而它们内部也是空，对应于园林中的"奥"空间[6]，同时也作为信息之源和趣味所在，承载着重要的审美功能。

康对"剖碎"的阐释与古典时期有所不同。例如，他的唯一神教教堂（First Unitarian Church of Rochester, 1959）方案（图2），围出核心正十二边形空间的周边部分，本身即是功能房间而非实心变形柱。布扎体系对"剖碎"的解释相当于基本解释。它仅指用以获得相互依存的完整几何空间的实体"零余部分"，默认它为主体完型服务，未曾想这些破碎的"中介物"本身也可以反向包裹完型空间。有学者将poché翻译为"厚性"，来表达内外之间残余空间的围合特性[4]，也无法描述空间嵌套关系。实体成为空间，空间联同其边界定义其他空间，空间互为边界，孳生、膨胀并相互挤压，形成纤薄到近乎乌有的边界，就像显微镜下的细胞。

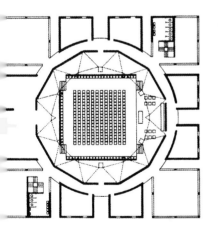

图2:
唯一神教教堂第一版设计方案 ∧

建筑的发展历程是实体越来越少，形体越发轻薄。当这种切割发生在实体部分，沉重而厚实的墙壁或柱就可以从中间掏空，发动"计实为空"的初步操作。反过来，可以把"零余空间"打包，拼成中空的厚墙、厚柱、厚楼板，成为"被服务空间"的边界，就像路易斯·康在耶鲁大学美术馆扩建方案（Yale

University Art Gallery, 1950—1953，纽黑文，美国）中设计的那个容纳了结构、照明和管线的"屋顶"（图3）。当其几何结构尺度放大到可以容许人的身体进入，它就成了达卡议会大厦（The National Assembly Building in Dhaka, 1962—1982，达卡，孟加拉国）内外圈之间的交通部分（图4）。这些"计实为空"的边角空间与核心空间互为因果，就是园林中"旷"与"奥"的二元关系 [5]。在园林中，"旷"不一定是完型，"奥"也不一定是零余。它的出发点不是柏拉图几何，而是相对性的身体感知。

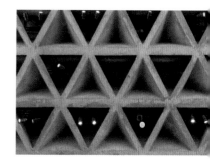

图3：
耶鲁大学美术馆屋顶 ∧

图4：
达卡议会大厦内外圈之间的交通部分 ＜

## 2. "剖碎"的字面意思

关于"剖碎"的概念，比较认真的讨论来自于霍伊斯里，他认为可以经由法语中的"水煮蛋"（l'ouef poché）来辅助理解，又好像是"装入口袋的东西""一个可以放入袋子中的理想的形状"，被袋壁的织物或纸张包裹 [6]118。到底是口袋本身，还是放进口袋里的东西？

"剖碎"本身是个分词（原型是"pochér"），是指投到清水里煮。鸡蛋破了就无定形四处流淌，投入沸水中会逐渐成形，但也会记录下流动状态。如果说荷包蛋本身是 pochér 的结果，即"装入口袋的东西"，那热水就充当了口袋的功能，形成边界。水、蛋清和蛋黄相互嵌套，互相限定，彼此依存。建造过程可以类比为水煮蛋，为空间赋予确定的形状。

在《建筑的复杂性与矛盾性》中，文丘里还打了一些比方，比如"开口的残余空间"（open poché）、"脱开的衣服里子"（detached lining），以及"物体中的物体"（things within things）[7]70-87。口袋会形成面层和里子之间的嵌套空间，内能容物，外不破坏西装内外表层的完整性。回到霍伊斯里最初的解释："黑疙瘩；平面或剖面中的一个部分，用来表示结构被剖开的切口，就好像一个大墨点"[6]118，实际上，图与底都是"剖碎"的一个侧面；黑白之间可以存在多重灰度，类似于鸡蛋的多层构造。霍伊斯里谈平面的时候，认为"剖碎"代表着涂黑的实体；在谈水煮蛋或口袋的时候，又把它看作内容物或空间留白，是矛盾的。为了解决这个矛盾，必须将各级灰度看成一个整体。

一个称职的建筑教师讲授正投影图画法[7]），会不断强调"双线交圈"，而这正是三维空间表里关系的逻辑结果。当三维实体投影在二维平面上，实体部分有两种表达方式：双线交圈的"口袋"，或者把这个口袋用黑色（或排线）填充，成为一个"黑疙瘩"。当绘图者恪守这个法则，图纸向现实的转移过程中，就不会出现思维错误，那些涂黑的部分好像口袋的衬里，分割（Parti）[8]表里，撑起内在的虚空。平面或剖面上的双线交圈、内部填充，跨越了时间，超脱于各种体系、风格、脉络之上，一直存留在建筑图纸上，可以说是投影法的精髓。

"剖碎"是一个比方，描述事物被包裹封装，内外二分的状态。投影到二维平面上，包裹物（双线交圈）、被包裹物（内部填充）以及这个包裹过程，共同形成了纸面上的"黑疙瘩"。但是，黑里面也可以有白，就是水煮蛋的蛋黄。

## 3."剖碎"与古典建筑

1506 年，伯拉蒙特（Donato Bramante, 1444—1514）绘制的圣彼得大教堂（St. Peter's Basilica）平面是文艺复兴时期的集中式平面。对比早期的草图（图 5）与最后的方案平面（图 6），设计过程可以理解为在空白图纸上逐步用完整几何体进行切分，控制几何形状的位置、大小、比例来完成平面布置。首先画出黑色连续交圈的线框来表达边界的位置，然后对线框进行着色填充，这个边界及其内容物就是"剖碎"。

文艺复兴时的"剖碎"除了表达一般意义上的图底关系，还有附加的含义，就是古典建筑师的柏拉图追求，包括轴线、对称和完美几何的空间形态。正投影法和建筑制图恰在那个时期发展并流行。古典平面的"剖碎"为主体空

7)
正投影图画法指投影线与投影面垂直，对形体进行投影的方法。何斌，陈锦昌，王枫红.建筑制图（第八版）[M]. 北京：高等教育出版社，2020:30-33.

8)
原文："With great lucidity, Professor Cret explained to his……meaning as well as the instrumentality of a parti." 参见参考文献 [2].

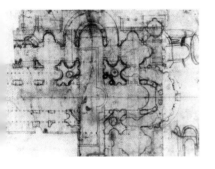

图 5：
伯拉蒙特绘制的圣彼得大教堂平面方案草图，1505 ∧

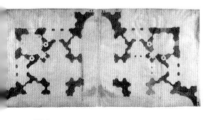

图 6：
伯拉蒙特绘制的圣彼得大教堂平面方案，1506 ∧

间服务，大多呈现支离形态，正如伯拉蒙特的平面，主要空间都是圆形或椭圆形，剩余的"负形"就是不规则形态，于是"剖碎"的概念就又同"零余""不规则"等意思连在一起。这大概也是最初翻译成"剖碎"的缘由。如果把建筑看作实体方块，在图纸上用黑色表示；设计师从中抠出空间，在图纸上用白色表示，正是巴黎美院的设计方法——底中抠图 [2]。有意思的是，以同样的方法，建筑师刘阳用黑色的泡沫来制造"太湖石"（图 7）。

"剖碎"天然具有创造边界、消纳不规则形状的功效，成了巴黎美院造型思维的利器。但"剖碎"概念的狭义化大概是古典主义时期的事情，对于文艺复兴时期的建筑师来说，事情还没那么清晰。按照麦克·杨（Michael Young, The Cooper Union）的说法，"剖碎"同建筑剖面图和人体解剖图的发展息息相关 [8]。在剖面图的演化过程中，平行透视正投影法的出现已经是很晚的事情，基本上可以看作"数学的图示化"或"图示的数学化"。

有意思的是，在达·芬奇绘制的人颅骨剖面中（图 8），完美几何空腔是没有的。似乎大自然并不偏爱完型。颅骨展示了一种有别于古典建筑的空间范式。空腔本身就不是规则几何体，又连续变化。相比之下，古典主义只是依照某种特定的"格律"或"方言"来使用"剖碎"方法。颅骨更像是洞穴或湖石，是大自然塑造三维空间的方案。它映射着一种更加复杂、难以简化的图底关系。当时的建筑师看到这些解剖图的时候，一定是大受震撼，同时意识到与建筑剖面图的某种关联。

图 7：
一摸黑 / 大料建筑 ∧

图 8：
达·芬奇绘制的人颅骨剖面 ＜

图 9：
帕多西亚的 12 世纪岩石切割教堂，屋顶、地板和整个侧墙都从中脱落 ∨

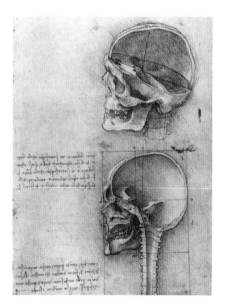

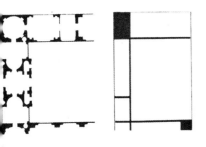

剖面图实际上也是一种解剖图。剖面图的发展与人们对古代废墟（图9）的观察有很大关系，建筑一旦成了废墟，隐藏的内在结构就暴露在外，给人一个观看剖面的视角。废墟和未建成结构其实就是建筑的骨头，格外受建筑师青睐。

## 4."剖碎"概念的现代发展

既然"剖碎"是空间虚实相生的一般法则，就必然可以应用于现代建筑。同古典建筑一样，现代建筑也发展出一套"格律"或"方言"，只是用"效率"取代"神性"，规则的矩形平面从此主宰建筑图纸。这样一来，平面上的"零余"被清除了，"剖碎"缩减为极限化的支撑结构（通过结构计算获得），平面上的"黑疙瘩"成为框架柱。

霍伊斯里曾试图打通古典建筑和现代建筑中的"剖碎"。他把修道院平面与蒙德里安（Piet Cornelies Mondrian, 1872—1944）的绘画进行对比，说："剖碎就好像碎石墙中石头与砖块之间的灰泥抹缝。"[6]118（图10）与古典建筑不同，现代建筑图底关系中的"黑疙瘩"不见了，化为连续线性的黑色条状物，被霍伊斯里称作"关节"或图的"枢纽部分"，充当毗邻方盒子空间的"中间部分"，并说"节点既可能是实体，也可能是空间，既可能是实，也可能是虚"[6]119。显然，霍伊斯里已经清楚地认识到"剖碎"离开了古典主义之后依然具有空间意义，以及它的现代等价物是什么。

把不同尺度的立方体盒子看作基本空间单元，连接方式可以有以下几种：①彼此分离，分散布置；②彼此毗邻，形成线性边界；③彼此咬合，形成立方

图10：
霍伊斯里的对比图 ∧

图11：
瓦尔斯温泉浴场一层平面 ∨

图12：
森山邸一层平面 >

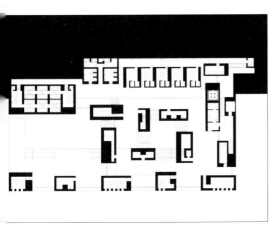

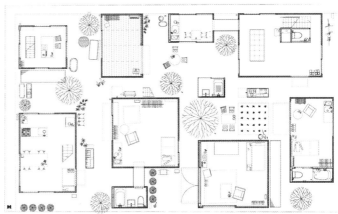

图13:
蒙德里安的绘画 ＜

图14:
橡树园自宅 ∧

体的"交叠部分";④彼此嵌套,你中有我。第一种模式,可参见彼得·卒姆托(Peter Zumthor, 1943—)设计的瓦尔斯温泉浴场(The Therme Vals, 1986—1996, 瓦尔斯,瑞士)平面(图11),其淋浴室部分作为巨柱撑起屋面,彼此分散布置,内部也有空间;或西泽立卫的森山邸(Moriyama House, 2002—2005, 东京,日本)(图12)。第二种模式,就是蒙德里安的绘画(图13)和一般功能性建筑的平面;第三种可参见赖特(Frank Lloyd Wright, 1867—1959)橡树园自宅(Home and Studio,橡树园,美国)(图14)连接四个房间的龛室,和巴拉干(Luis Barragan, 1925—1988)加尔维斯住宅(Antonio Gálvez House, 1955, 墨西哥城,墨西哥)(图15)的玄关;第四种可参见藤本壮介的 House N(2008, 大分市,日本)(图16)。可以说,现代建筑师对空间复杂性的探索已经超过以往,他们把目光投向曾经被忽略的聚落和废墟,拓展了空间营造的类型,通往颅骨、洞穴等自然造型。巴塞罗那德国馆(Barcelona Pavilion, 1929,巴塞罗那,西班牙)那样的"流动空间",若以"透明性"原理[9]来分析,其实存在着很多交叠或嵌套的部分,是非实体的"剖碎"。它们有隐藏的边界,在图纸上可以是黑,也可以是白,分别属于不同的完型区域又可自成一体,模糊地定义着似有实无的完型空间。这种便利,恰恰是现代建筑结构尺寸缩小的结果。它让更丰富的空间想象和更精密的空间操作成为可能。

无论古典平面或现代平面,都是三维空间镂刻的局部投影,对应的"剖碎"部分,一个是平面上的"黑疙瘩",一个是连续的粗黑线。如果不遵守轴线对称,也

9)
柯林·罗的《透明性》(*Transparency*)将"透明性"理论引入建筑学,并分类为"字面透明性"(literal transparency)和"现象透明性"(phenomenal transparency)。参见参考文献 [6]。

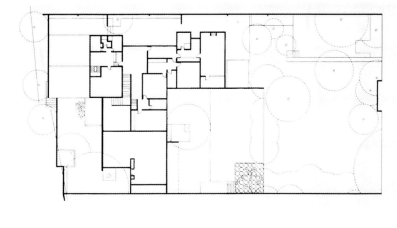

图 15：
加尔维斯住宅 ›

图 16：
House N ›

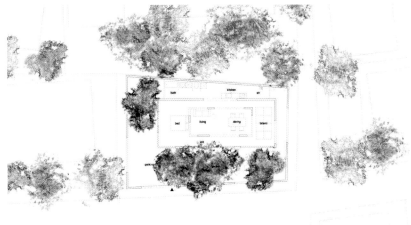

不在意单元形态，就同构于颅骨或洞穴，可以命名为"湖石"型空间。"湖石"几乎打破了空间虚实相生的一切人为规则，包括二维投影面、空间单元形态、轴线和对称性的限制，但在本质上，它与古典平面依然分享同一个规则。在任意位置剖切投影，双线交圈和内部填充的画法依然适用，只是从平面上的黑疙瘩真正变成三维空间中的水煮蛋。骨骼或湖石，本身就像是空间赖以生成的"体积"，因此医学上的 CT 影片 [10]，可以看作是一系列人体内部构造的"剖面"，叠加皮肤、肌肉、膜体、器官、空腔和体液，共同形成了有机生命的空间支撑。

10)
CT (Computed Tomography)，即电子计算机断层扫描。

## 5."剖碎"与"湖石"的空间同构关系

通过对路斯住宅的研究，我们认识到通常以为是三维的人造空间，其实不到三维[9]。人类的聪明才智，体现在以各种方法将低维的形式映射到高维。真正的三维物品，无论湖石、洞穴还是颅骨，都无法通过有限数目的投影来降维处理，空间信息量一般要高于人造环境。如果路斯用空间体积规划设计出来的那些盒子堆叠的小房子，所有房间都拓扑成柔软的卵形，再发生连通、融合、镂刻和嵌套，将会怎样？

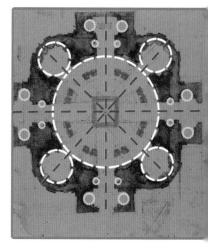

古典建筑的厚柱围合出核心空间。柱体本身可看作剖碎，中部挖空成为龛室，此时剖碎已不是单纯的实体，而是包裹着空间的实体。试想极端情况下不断以更小直径的圆柱体切挖实体部分，无论所剩实体多薄，仍可以有更小直径的"空"从中作出，直至实体无限趋近于无，成为空腔相互挤压而成的"海绵"，对外依然保有实体形态。这说明，只要刚度足够，空间体积仅需极少的"实"的部分即可成立。

如果这种切挖不仅在垂直方向进行，而且以不同尺度空腔从各方向吞噬实体，一块湖石就出现了。实际上，在肉眼不可见的层级上，其依然充满了无数大大小小的孔隙。世界上本没有真正意义上的"实体"，剖碎和湖石，本质上是同构的。

图17a 图17b：
圣乔瓦尼教堂手稿，圣乔瓦尼教堂平面布局 ∧

为了证明这一点，我们通过计算机模拟来做个小实验，来让古典平面演变为湖石。当然，我们这里所谓的湖石是一种近似模型，真实世界中湖石的生成受到多种环境变量的影响，是非常复杂的。

我们先来看一下古代建筑使用"剖碎"的规则。以 1559 年米开朗琪罗（Michelangelo di Lodovico Buonarroti Simoni, 1475—1564）绘制的圣乔瓦尼教堂（San Giovanni de' Fiorentini）方案手稿（图 17a）为例，平面清晰呈现四条轴线的中心式布局（图 17b），围绕轴线布置了三个层级的圆，尺度越大，数量越少，将建筑外边界与这些圆的差集涂黑，成为"剖碎"。我们可以清晰看到轴线对称和等级关系，可以说，这些法则的确立尽管有教义影响，但不可忽视的一个原因是它方便操作，容易理解。究其根源，在于对称结构相对于非对称结构更简单、信息量更小。实际上，不管是在研究模拟还是在日常生活中，具有低复杂性的高对称结构都比具有低对称性的高复杂结构多得多。而且，对称的事物有内聚倾向，与周围环境剥离开来。不对称的事物向外扩张，彼此发生联系。从古典平面向湖石推演，首先要删除对称性。

塞利奥（Sebastiano Serlio, 1475—1554）在《建筑五书》（*Sebastiano Serlio on Architecture*）中叙述了几何学与透视的画法，绘制了大量古代遗

迹的平面，提出了集中式神庙平面的 12 种基本形状。书中的大量平面图采用文艺复兴画法，将实体部分涂黑。在有关集中式神庙平面类型的讨论中，塞利奥认为圆形最完美，12 种形状中有 9 种是方与圆演化出来，平面中存在多条对称轴线，虽然最外侧轮廓不同，但进行切分的基础形状都是不同大小的圆形[10]。

顺着塞利奥的思路，参考文艺复兴时期建筑平面的集中式布局特征，通过布尔运算在方形平面的基础上模拟剖碎的生成，具体方法如下（图 18a、18b、18c、18d）：

图 18a 18b 18c 18d：
设定对称轴后结果，第一次迭代后结果，第二次迭代后结果，第三次迭代后结果 >

①平面中设定通过中心的 4 条对称轴；
②规定产生圆形的位置关系（d1、d2、d3 相切）；
③以生成的圆形对初始图形进行差集，保留剩余部分；
④进行差集的圆形分为 3 个等级，进行尺寸上的迭代。

首先生成层级较高的大圆（核心空间），对实体进行差集，再生成次一级圆形，并对剩余部分进行差集。使用泊松盘控制最小间距来调节剩余实体形状，就制造出接近教堂平面的二维图形。通过调节单元形式与位置，平面有无限可能。如前所述，古典建筑空间其实大多是二维图形在 z 轴上直线拉伸的结果，如此一来，平面生成的逻辑在剖面中并不适用。但可以在软件模拟过程中将之加诸 z 轴上，以获得更高维度的空间形态。平面上以剖碎获得空间的方式是在用不同尺度的圆形切挖实心方形，那么对应到三维，就是用不同尺度的球体去切挖实心立方体。将原始平面在 z 轴方向保持一定间隔复制 100 份，将球体在空间中进行矩阵分布，与所有平面进行差集后，可以得到下图所示的结果（图 19a、19b、19c、19d）：

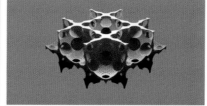
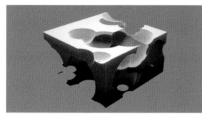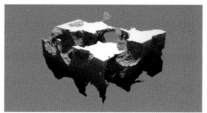

图 19a 19b 19c 19d：
二维平面直接拉伸后结果，球体位置矩阵分布后结果，球体位置干扰后结果，球体位置、表面形态进行干扰后结果 ＜

图 20a 20b：
实体、空腔的虚实关系，实体赋予材质后的渲染结果 ∨

接下来删除轴线对称属性，让形体从内聚转向外扩，实现实体和空腔的自然随机分布。为此，通过引入噪波，对球体位置和表面形态进行干扰，设定合适的干扰强度，立方体内部已经出现了类似于自然状态下的湖石孔窍分布形态。以同样的思路，将扰动施加到外轮廓的整体形态和表面形态上，在视觉上，三维剖碎空间就很接近湖石的形态了（图 20a、20b）。这样，在去除对称性及表面噪波干扰下，古典建筑空间形态与湖石空间形态实现了一种条件式的转换。

需要说明的是，这样的转换只能一定程度上说明不同形态的空间之间相互转化的可能，并不是严谨的数学分析。事实上，古典建筑平面的生成规则是复杂多元的，自然条件下湖石的形态也难以用简单规则模拟。当然在人体尺度上，空间建造是多种条件的综合，比如结构性能、预算造价、人体工学和空间效能等，不大可能像显微镜下的细胞一样以挤压密排的方式来获得体积，但实与虚的辩证关系可见一斑。概括地说，一切实体都可看成是边界包裹的空间，并充当其他空间的边界。

在任何层级上，空间都可以是平滑的，也可以拥有无穷层叠和褶皱。人类的感官作为大自然的产物，很容易分辨哪种空间形态维度更高、信息量更大。人的建造，其实就是在虚空中通过剖碎引入层叠和褶皱，让隐藏的维度显现出来。离开实体的限定，空间本身是没有信息价值的。

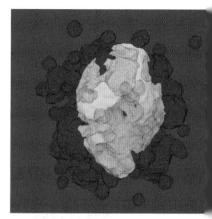
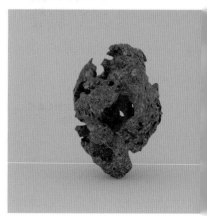

## 6. "剖碎"概念的扩展

11)

辛诺特说："外部体形经常十分简单,但是包装在有机体内部的是极为复杂的各种结构,它们一直是解剖学家的兴趣所在"。参见《建筑的复杂性与矛盾性》[7]70。

12)

他借老沙里宁(Eliel Saarinen, 1873—1950)之口来阐述这个观点:"在空间中组织空间,社区是如此,城市也是如此"。只要是连续的空间营造,就必然会产生边角余料,文丘里称之为"残余空间"(residual space),并与路易斯·康的"服务空间"联系起来。参见《建筑的复杂性与矛盾性》[7]70。

13)

中文版的译者把它翻译成"空腔"。

14)

"坦率而言,我们已经忘记了这个词,或将它降格列入过时类别;直到最近,经由罗伯特·文丘里的提醒,我们才想起它的用途"。参见《拼贴城市》[11]156。

15)

"基于感知领域,一座建筑物本身就可能成为一种'剖碎'。为了某些目的,一个实体可以帮助相邻的虚空呈现出来"。参见《拼贴城市》[11]156。

16)

"剖碎的总体用途似乎就在于它作为一种实体,去咬合相邻的虚空或被相邻的虚空所咬合,根据必要性或环境需要而成为图形或者图底"。参见《拼贴城市》[11]158。

17)

"然而在现代建筑的城市中,这种互换当然既不可能,也不被预期"。参见《拼贴城市》[11]158。

但人除了是自然的造物,也是文化的产物。对空间复杂性的认识,除了从维度等空间的"褶子"中读取信息,还能从隐喻等符号的"纹样"中读取信息。文丘里大概是剖碎概念的招魂者。在《建筑的复杂性与矛盾性》第九章导言部分,他引用辛诺特(Edmund W. Sinnott, 1888—1968)《有机形式问题》(The Problem of Organic Form)中的话来说明建筑室内外空间的矛盾[11]。一个简单的外表下可以容纳繁复的内部,与文丘里想要表达的"复杂性"主题密切相关。这种复杂性会随着系统的扩展而成倍增加,于是文丘里注意到城市中实与虚的反复嵌套[12]。在这里,文丘里实现了一次尺度跨越,把建筑单体和城市关联考虑,认为建筑师用"剖碎"[13]来解决建筑内外之间的矛盾,并把它分为"开口"和"闭口"两种[7]80。他在这一章末尾处说:"建筑就产生于室内外功能和空间的交接之处"[7]86。意思是:建筑产生于特定的功能需求,它一旦出现,空间就分出内外。

柯林·罗在《拼贴城市》中对"剖碎"的关注直接来自于文丘里的启发[14]。他顺着文丘里的观点,指出剖碎在城市空间塑造方面的重要作用,是将建筑的主要空间相互隔开[15]。他举博尔盖塞宫(Palazzo Borghese, 1560—1673,罗马,意大利)的例子来说明如何从不完美的城市连续空间中获取完形庭院(cortile)的方式,并与勒·柯布西耶的萨伏依别墅(The Villa Savoye, 1928—1931,巴黎,法国)进行比较,指出柯布的建筑·概念是孤立的、实体的,而博尔盖塞宫则是连续城市肌理中不可分割的一部分[11]151-155。在这里,作者显然是将图底关系中涂黑的部分看作"剖碎",并提出了"城市剖碎"(urban poché)的概念[16]。这里已经明确说出连续空间中实体与虚空的相对属性和转换可能。在撰写《拼贴城市》的时候,柯林·罗已经无法抑制在书中倾泻大量政治议论的冲动,其让古代城市与现代城市截然对立,虽然也意识到萨伏伊别墅是复杂的内外嵌套,但依然对现代表示悲观[17]。

文丘里为了驳斥经典现代主义,回想起剖碎在空间转换中的作用。柯林·罗更进一步,将城市中的建筑整体看成剖碎,并指出城市图底中虚实关系的相对性。当人们把目光投向城市,剖碎就已脱离古典成为更普适的空间概念。古典建筑关心的是如何从不定形中抽取完形,而城市和现代建筑的案例说明,在空间游戏中,虚实两方都可能是不定形,也都可能是完形,视具体情况而定。文丘里看到了剖碎空间的多层嵌套的可能性,柯林·罗强调了剖碎空间中虚实关系的相对性,两人都对传统意义上的剖碎概念进行了扩展。

两人似乎都还是基于平面图底关系去讨论剖碎的空间作用，没意识到黑白图底互相叠加的可能性。这一情况发生在柯林·罗身上让人费解，因为当年在《透明性》（*Transparency*）中，他实际上已经讨论更有意味的空间形态介于黑白之间 [18]。透明性问题的基础是三维空间的二维投影，当黑与白都是复杂的三维嵌套形体，任何方向上单一的投影都不足以描述。透明性的引入，更像是在讨论单一方向上不同空间深度投影的二维叠加，好像建筑肌体的 CT 照影。在医学影像领域，实体与空间的三维透视叠合投影是常见的诊疗手段。与传统建筑相比，现代建筑典型的流动空间很难映射为单一方向黑白分明的二维投影。

童明认为，柯林·罗在《拼贴城市》一书中进一步探讨了实体与虚空图形之间的模糊性 [11]113。但是，这种模糊性更多体现在城市尺度中虚实转换的可能性，而不是连续城市空间中的透明性。也许是出于对"昨日之我"的扬弃，柯林·罗对透明性概念只字未提。而霍伊斯里于 20 世纪 80 年代在"透明性补遗"中对剖碎的讨论，却难免受到柯林·罗的影响。他强调的是，在现代空间中，因为实体与空间、中心与周边的界限模糊了，核心空间消失，空间各部分之间变得匀质、外扩，结果，"透明性与剖碎通过相反的方式发生关联"，但二者本质上是等价的 [19]。

几位理论家都模糊地意识到透明性空间与剖碎之间存在某种关联。在那一时期，更重要的案例其实是勒·柯布西耶的朗香教堂（Ronchamp Chapel,

18)
"空间维度上的两难……互相渗透，同时保证视觉上不存在彼此破坏的情形"。参见《透明性》[6]25。

19)
"剖碎是物质的，透明性是空间的——尽管存在状态截然相反，二者却都表现出同样的作用"。参见《透明性》[6]119。

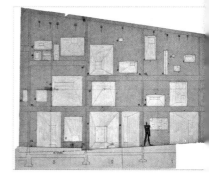

图 21：
朗香教堂的剖面 ∧

图 22：
飞利浦馆 <

图 23：
TWA 候机楼 ∨

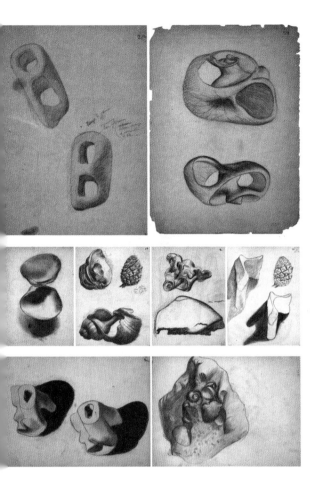

1954，朗香，法国）（图 21）和飞利浦馆（Philips Pavilion, 1958, 布鲁塞尔，比利时）（图 22），或许还有小沙里宁（Eero Saarinen, 1910—1961）那些非线性的造型（图 23）。可惜当时的理论对于纠缠的湖石型空间无从下手，因此只字未谈。一直到一部分解构主义建筑师将曲线造型和拓扑空间引入设计领域之后，传统空间理论的危机才真正来临。然而这种危机与其说是理论自身的危机，不如说是思维框架上的危机，因为 20 世纪 50 年代的理论家们已经在建筑与城市、单体与系统之间努力寻找关联。客观而言，柯布在 20 世纪 20 年代提出的空间概念，已经将这个问题抛在世人面前．虽然理论家对白色住宅兴趣远高于朗香教堂，但二者之间的关系显然比表面上深刻得多。在柯布晚年的探索中，建筑实体有一种洞穴化的倾向，像朗香教堂外墙那样"计实为空"的操作非常常见，空间多孔多窍的形态，与早年的白色住宅如出一辙（图 24 ~ 图 26）。

《透明性》一书对设计方法的讨论，可以浓缩为一句话："将立面切开，挖去一些部分，再把其他部件插入留下来的空位中"[6]40。为什么是立面？因为这本书是从二维投影来讨论三维空间的。其实切去的和插入的部分都是实体，与切除后的空腔错位布置。这样空腔就成了一个"拐弯"的空腔，也就无法在立面上通过单一投影来表达，黑白叠合，透明性出现了。

我们在聚落或园林所感受到的丰富多义的无穷层次，可以从湖石或颅骨的具体形态中找到原因。二者都具备"多孔多窍"的特征，其区别就在于后者的虚实界限是明确的，而前者更像是由一系列剖碎组成的有意义的剖碎群，它们暗示着更大尺度上的剖碎，对应于空间单元间的复杂互动。这提示我们，在城市和建筑的空间造型领域，除了运用数字化方法获得具象湖石型空间，也可通过常规设计手段，以直角正交的空间单元为基础，塑造感官上异常丰富的类湖石型空间。典型的如留园中的"古木交柯—绿荫—明瑟楼—涵碧山房"区域，特别是古木交柯与绿荫之间的廊非廊、亭非亭、院非院的模糊区域（图27）。古木交柯部分大体上是方形平面，从南向北半廊半院，南侧院子向南凹入1/3，成为通往绿荫的过渡。院落部分向西延伸，西侧与绿荫共同收住，向通往涵碧山房的游廊开口。游廊转折三次，在房、廊、榭、院之间转换，时而是停驻性的，时而是通过性的，没有确定的形态。这个区域的每个部分都好像独立存在，又好像是其他空间的一部分或自然延伸。通过简单的建筑语言，实现了相邻空间单元的交叠、嵌入与融合，边界似有若无，是高水平的类湖石型空间。其他如寄畅园的秉礼堂、留园的石林小院、网师园的看松读画轩等区域，也都是多孔连通的类湖石空间的优秀范本。

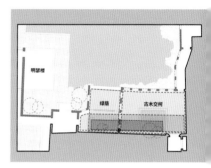

图27：
留园中的"古木交柯—绿荫—明瑟楼—涵碧山房"区域 ∧

## 7. 结语：三维空间的复杂性问题

人体感官能够接收和处理空间信息，这也是一切空间感知的原点。审美只是空间感知的派生物。

实体与空间的共生关系在传统投影制图法中表达为黑白图底。实体是人获得空间的手段，即老子所说"当其无，有室之用"[4]。受人体解剖图影响，建筑中的实体部分在投影图中表达为双线交圈及其内部填充，这就是"剖碎"的由来。"剖碎"的不同形态，无论是古典建筑中的异形碎片，还是现代建筑中的正交线段，都是选择不同格律或方言的结果。

剖碎的物质形态决定了它内部依然可以容纳空腔，有闭口和开口两种（文丘里），是空间虚实关系在二维上的拓展。当剖碎沿非正交方向进行非线性放样，实体之间交叠、嵌入、融合，剖面就呈现出颅骨或湖石一样的形态，迭代下去，空间逐渐逼近真三维，此时实体部分表现为剖碎的一般形态，形成湖石型空间，在任何轴向上都无法通过单一或有限的投影图来表达。用放射线对其照影，得到一张叠合的剖面图，不是黑白两色，而是深浅相间的灰度图像，可以看作是三维空间在二维平面上的共时性投影，也可以看作二维平面切割三维空间的历时性叠加。可以推测，当有四维形体切割三维空间，将看到连续变化的三维形态，当它瞬间凝聚，留下体积的碎片，不仅是剖碎本身，也是更大尺度上空间单元间交叠、嵌入、融合的见证，实体随时间移动的残留，非空非非空。其就是三维透明性问题，我们借它来幻想更高维度的空间信息。

作为空间虚实转换的机制，聚落、湖石、古典平面或现代流动空间，都是三维透明性问题的特例。这种更具普遍意义的透明性来自非空非非空的"剖碎"。它打通了建筑和城市空间的边界，三维物质空间以此为复杂性的极限，能触发异常丰富的感受。"复杂性"因此成为空间环境丰富体验的物质基础。

**参考文献**

[1]
童寯. 美国本雪文亚大学建筑系简述 [M].// 童寯. 童寯文集第一卷. 北京：中国建筑工业出版社,2006:224.

[2]
Ruan X. What can be taught in architectural design?—parti, poché, and felt qualities[J]. Frontiers of Architecture and Civil Engineering in China, 2010, 4(4): 450-455.

[3]
Homi Bhaba, Anish Kapoor. Homi Bhabha and Anish Kapoor: A Conversation. [EB/OL] https://anishkapoor.com/976/homi-bhaba-and-anish-kapoor-a-conversation[1993-06-01].

[4]
李静波, 戴志中.Poché: 内外之间的"厚性"陈述 [J]. 新建筑,2014(06):94-97.

[5]
冯纪忠. 组景刍议 [J]. 同济大学学报,1979(04):1-5.

[6]
柯林·罗, 罗伯特·斯拉茨基. 透明性 [M]. 金秋野, 王又佳, 译. 北京：中国建筑工业出版社, 2008.

[7]
Venturi R, Stierli M, Brownlee D B. Complexity and contradiction in architecture[M]. New York: The Museum of modern art, 1977.

[8]
YOUNG M. Paradigms in the Poché[J]. 107th ACSA Annual Meeting Proceedings, Black Box, 2019: 190-195.

[9]
金秋野. 截取造化一爿山——阿道夫·路斯住宅设计的空间复杂性问题 [J]. 建筑学报,2019(09):110-117.

[10]
塞利奥. 塞利奥建筑五书 [M]. 刘畅，李倩怡，孙闯，译. 北京：中国建筑工业出版社，2014:423.

[11]
柯林·罗, 弗瑞德·科特. 拼贴城市 [M]. 童明，译. 上海：同济大学出版社，2021.

# 居室亦园林

# A House is also a Garden

庭园与居室，在传统园林语境中是两个相互关联但彼此独立的范畴。广义的园林包含居室，也包含居室外的庭园。居室供人居住，庭园供人游赏。居室为内，庭园为外。居室和庭园互相依存，共同组成自然化的人居环境——"园林"。

本文想要阐明的是，在中国园林的发展历程中，空间压缩、抽象化和居室化的倾向一直存在；通过对园林核心空间要素的分析，提出"空间的园林性"问题，以居室化的庭园为参考系，从自然性和身体性两个方面，讨论没有庭园的现代居室，依然可以具有"园林性"，并结合设计实践，讨论如何在居室设计中实现"园林性"，指出"九宫格设计方法"在塑造空间复杂性方面的特殊价值，探讨如何在居室设计中实现"眼前有景"。

揭开历史和文化的面纱，以抽象的视角看园林，提炼其空间语言的一般特征和普遍价值，是实现传统造园语言现代转化的途径。这项工作前人已经开启，今天需要结合时代发展讨论新的可能性。以自然为素材的造园活动和以几何为媒介的建筑活动，在形式语言上的公约数是什么？是否存在统一的评价机制和相似的设计方法？针对以上问题，笔者不揣浅陋，努力在文中给出一些尝试性的解答。

## 1. 园林中的"因借"

《园冶》中谈"借景"："夫借景，林园之最要者也"[1]244。从实践上来说，叫"构园无格，借景有因"[1]244，意思是造园不依赖内生的标准以及独立的语言和方法体系；相反，要尽量取之于外、即兴而成，所谓"物情所逗"。"物"即"外物"，中国园林因不着力发展自律的内向语言而与物我相亲，是一种"空间关系学"。这让园林在不同时代、应对不同外部环境而有不同的形态，也为园林的创新发展提供了理论依据。一些园林理论拘泥于计成在文中诗意的描述，将"物"片面地理解为"景物"，将"因借"对象狭义地理解为"自然风景"。以全局眼光看，兴造一事因借的对象当不止此。

审视计成的园林观——"虽由人作，宛自天开"[1]14，天开即自然化育，是造园的终极目标。因借的对象（物）有三，首先就是大自然（湖平山媚，远岫春流）；其次是基址的地形特征（林皋延伫，竹树萧森）；再次是园宅所处的人居环境（城市喧卑，居邻闲逸）。由此乃有四借："远借"是借大自然的胜景，"邻借"是借城市的肌理，"仰借"是借天空和树木，"俯借"是借地形和水文。这里最难理解的是"人居环境"如何因借。

图1：
19 世纪中叶的留园平面复原图，入口空间位于今天的鹤所 ＞

图2：
1910 年郑恩照绘制的《苏州留园全图》，入口空间改到今天的位置 ＞

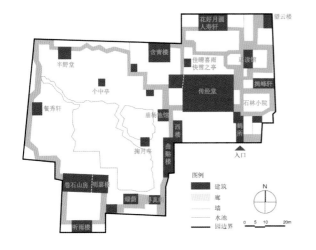

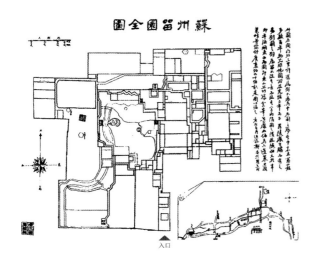

"大隐"理想的前提是"结庐在人境",就是计成所说的城市地、傍宅地,即现存苏州园林中数量最大的一类,此时城市空间也就成了造园的基础。在城中造园,街区就是园林的"地形"。童明认为园林与住宅、城市与自然之间本没有明确的界限[2],园林本来就是动态变化的城市肌理的一部分。备受称道的留园入口空间,很可能就是城市自然发展形成的宅间隙地,经造园者审慎处理,成为神来之笔。其卓越之处,恰恰来自于生长过程中堆叠的复杂信息。好像植物群落,随时间达到某种平衡态。人居聚落都有类似特征。

如童明所言,园林中的"因借",是一种因势利导的智慧,需要兼收并蓄的眼光。微妙复杂的城市空间肌理,正是在"不可园也"处造园唯一可资因借的准自然要素。认识到这一点,无论盘根错节的老城区、无序蔓延的城中村、高楼林立的CBD,还是狭小昏暗的住宅室内,都可以拿来造园。而近世园林着力发展"小中见大"的"折叠空间",也正因为经济发展,城市地逐渐取代自然山水,成为园林营造的主要背景。

研究表明,留园前身的寒碧山庄在19世纪中叶还没有现今的曲廊入口,主入口为"鹤所",通往传经堂(今五峰仙馆)和石林小院[3]24;(图1)而在1910年郑恩照绘制的《苏州留园全图》中,留园四周边界都有所扩大,出口已经改到今天的位置[3]50。(图2)这似乎说明,现今入口是园林动态生长过程中对城市空间的借用。在另一篇文章中,我曾以广东顺德德云居的发展为例说明城市聚落是如何转变为近乎园林的空间形态的。这个现代案例完美复刻了历史上城市园林的生成过程[4]。园林因借城市街巷而不是自然山水,让近世园林进一步"居室"化,从而极大地改变了园林的形态特征。

## 2. 九宫格与园林空间的虚实相生

留园五峰仙馆—石林小院—鹤所区域以一组平面展开的院落格局探索空间复杂性的潜力。同时，它制造出一系列"褶子"空间，院落与房屋尺度差异不大，通过分隔墙体和门窗洞口的复杂操作，使空间彼此遮挡又层层渗透，在极小尺度上实现了无限深远，这是建筑学的一般问题，而不是一个古典园林特有的问题。可以说，五石鹤区域打破了居室与园林二元论，实现了园林的居室化和居室的园林化。

"九宫格"是理解五石鹤区域的一个途径。它首先要求空间单元的主要联构形式不是线性排列（如大多数功能性房间群），而是沿 x 轴和 y 轴同时延展。这样一来，人造环境就可以完整覆盖二维表面，不留空白。九宫格不是真的只有 9 个格子。它以最常见的矩形房间（或院落）为单元，每个方向都有 3 层，3 层之外还可以有3 层，以此类推。这样，任一格都被周围 8 个格子包围，共同组成九宫格无限空间中的当下激活区域。(图 3)

海杜克在《美杜莎的面具》中曾这样描述九宫格问题："九宫格是一种隐喻，在我看来……它无关风格，是超然独立的（detached），以其空空如也而永无止境（unending in its voidness）"[5]。作为一种思维模型，现代九宫格其实是由框架结构的事实所引发，匀质和各向同性本应是它的特征。从它的源头——勒·柯布西耶的多米诺体系和凡·杜伊斯堡的反构造来看[6]，一个共同特征就是没有限定的边界（图解中的边界只是物质现实的留存，随时可以突破延展），描述的都是"当下激活区域"，而这一点在海杜克的"得克萨斯住宅系列"中却未能全面贯彻，相反很大一部分平面强调边界和向心性。(图 4)

中国园林的平面实际演绎了如何实现去中心化的各向延伸。其实园林中也不乏局部对称结构，但总体上强调的是非对称、去中心化，而这恰恰是因借的结果："园基不拘方向，地势自有高低"[1]18。自然地形如此，城市聚落也是如此。若仔细观察园林平面，可以发现庭园也有类似居室的空间尺度。求其原因，身体一直在

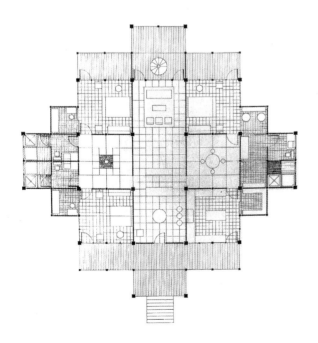

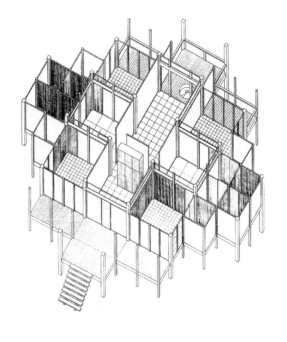

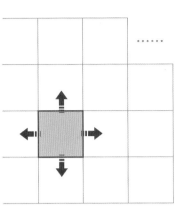

图3:
"九宫格"的空间延伸模式与"当下激活的区域" ∧

图4:
"得克萨斯住宅系列"一号住宅的向心性特征 ＜

图5:
留园"五石鹤区域"平面中隐含的九宫格结构 ＞

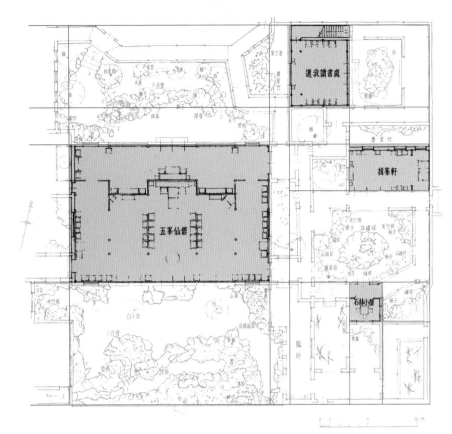

为空间赋形。即使是五峰仙馆这样的主厅,在当年真正承载使用功能的时候,也是根据需求切分成六个相对独立的"房间",而不是今天这样统一梁架下的连续大空间[7]。以这样的视角去看留园五石鹤区域的平面,可以发现隐含的对位关系和大致均分的网格。(图5)

这样一套网格系统是由居室、庭园和廊道共同组成的。实际上,居室可以打开隔扇向庭园完全敞开,庭园中可以通过藤架或乔木形成冠盖。特别是形态丰富的廊道,曲折行进的过程中或为居室廊下,或为房屋夹缝,或面庭成为半亭,或临水成为水槛,各种形态是相互渗透和转化的,是空间对话的主要中介物。经由廊道的联系与分隔,园林成为一系列不断细分、逼近人体"感官尺度"的九宫格空间序列。它是多层级的、绵延的,像是一系列物质边界模糊但心理边界清晰的"箱庭"。

园林中各处都有名字,共同组成整体连续、局部差异化、小尺度、高信息量的开放世界。

以石林小院中的揖峰轩为例:房屋面阔一间半,整体朝南,通过隔扇门面对园中的藏石,其他三面都是实墙。为免闭塞,北墙开两扇窗面对极小狭庭中的寿星竹,窗间衬以条屏;西侧山墙独对小方院,留一扇窗观看独秀峰;只东侧山墙作为小院边界保持封闭。以揖峰轩室内为九宫格中心格,三面被庭院包围,为了保证私密性,房子没有进一步打开对角线视野。(图6、图7)

若以石林小院中庭为核心,除四个主方向外,四个对角方向也都打开,置身其中,可以感受到来自四面八方的信息,又有石林屏障,远景时隐时现。而在四个主方向,空间又富于变化:东西两面都是廊子,东简

033

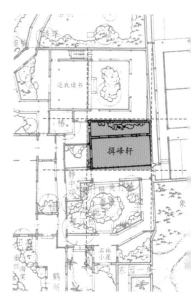

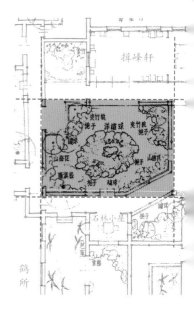

034

西繁，西廊横向分两层、纵向分三段，遵循实、虚、实的节奏；北向面对主屋，却又在西北角辟出方形露天院落，南向更纵向两层、横向三段，正中是亦亭亦轩的石林小屋。这里，不仅九格被进一步细分，内外关系和连通方式也出现了纷繁变化，主观感受呈几何级数增加。东北角是通往其他庭园的出口，东南角置石笋，沿人行方向斜切一刀，成为两个方向的对景；西南角通过门洞和漏窗窥视鹤所；最高明的要数西北角，它不仅将揖峰轩西侧小院向南对位延伸为"静中观"半亭，且从亭外可窥见五峰仙馆东侧隙庭和二者间的通廊，一下子制造了多个层次。（图8、图9）

石林小屋是南侧横向均分的三段之一。当人置身其中，这里又成为九格的中间格。小院此时充当小屋的北向对景，朝南是宽大的八角窗，东西为六角窗，延续了四面有景的玲珑格局。整体上各有主次，不管人进入哪个空间，此处立刻转化为中心。任何一处都既是枢纽也是外围，既是主体也是周边，这大概是对"眼前有景"的绝佳阐释：无论人在何处、望向何方，眼前总是以其他区域为景，换个位置，眼前的景色就变成观景的所在，实现了"移步换景"。即使到了边界因物理屏障无法进入的区域，都以视线连通方式融入整体。（图10、图11）

五峰仙馆东侧的隙庭其实只是一块零余空间。这里的处理与古木交柯类似：通过加宽过道辟出一部分做露天庭院，实现曲折路径的同时，为空间赋予更多层次。以五峰仙馆为中心格，这一处狭庭刚好充当其东侧的周边格，虽然

既不重要也不显著，但它也是可以进入的。其面向石林小院的一侧故意在白墙上开巨大的圆形门洞，旁边紧邻的窗洞几乎将墙壁大部分挖去，低矮的窗台顺便充当游人歇息的座位。这样阔大的洞口，依然是窗的意象，把空间分出内外。以此院落为观察点，南北翠竹芭蕉，朝东一层层的洞口、矮墙、瓦檐和翠竹逐层展开。(图12、图13)

实际上，园林整体空间格局方面也遵循类似的原则，如留园水面四周区域大体上也按八个方位来确定内容，濠濮亭的存在，就是为了中心格留一个人视观察点。(图14) 可以看出，园林九宫格就好像一个无限蔓延的围棋棋盘，这里没有确定的行棋方向，只靠简单规则和二维平面提供的空间纵深，推演出无穷变化。所有变化都服务于人的感官，因此随着人的移动，任何一个单元都可以充当中心格，毗邻单元随之演变为周边格，以此类推。这与强调边界和轴线的向心性空间序列显然是不同的。

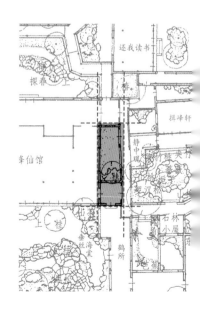

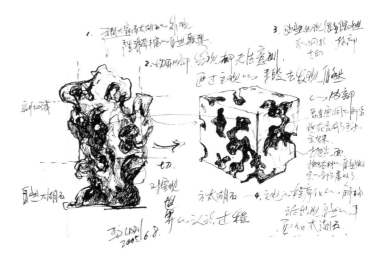

对应海杜克的话，我们是否可以说："九宫格不是隐喻，而是一种实际存在的空间模式，衍生出有章可循的设计方法。它无关结构，以人的主观体验为依据，以其虚实相生的连续转换而永无止境。"实际上，自然界中的树林、水塘、山地和湖泊就是这样连续蔓延的，并不遵循任何组织规则。园林的空间结构就像湖石，无限绵延的过程中，以有意义且高密度的景物素材填充空间、创造层次。每个部分都享有八方景观又成为各方的"景"，就无须特别设定核心和主角，空间的关系和层次可以无限延宕。中国人偏爱太湖石，除了习惯性的文化审美，或许也有对"空"本身的理性直觉。园林的"空灵"是结构性的，"以其虚实相生的无限潜能而永无止境"。但湖石是静态的"虚实相生"，虚就是虚，实就是实；园林却是动态的虚实转换，虚可以是实，实也可以是虚。(图 15)建造的一个主要任务是合理、高效且有意义地占据空间。向心性结构却与连续蔓延的空间先天矛盾。如何在内聚与外拓之间取得平衡？园林在这方面为我们提供了一个思路。

## 3. 居室中的九宫格造园

与园林在城市空间中侵蚀的生长形态不同，现代居室都有确定的边界。在居室中造景，最大的问题是无自然风景可用，只能借用现有格局，体宜安排，在满足功能需求的基础上，尽量让小空间不受制于物理尺寸，获得"日常空间之远"。居室改造的物质条件很难转圜，"日常"又是铁一般的事实，实际上不适合作为造景的样本。但在极限条件下的操作，恰恰说明园林空间的普遍价值和造园方法的广泛适用性。但在这里，"园林"的含义已与传统概念大为不同。在居室内部采用九宫格造园的思路，倒不是为了检验某种方法，而是因为矩形房间的排列组合刚好适合九宫格空间系统的基本规则。九宫格讲的是空间单元的"关系"，单个格子不称其为关系。既然如此，可将居室单元关系按类型分别加以讨论。

最简单的单元关系是线性排列的双格，中间共用边界。人在一边总要看向另一边，两个单元互为风景。中部界面限定了"观看"的方式；两个尽端既要特殊处理以形成视觉焦点，又要分出主次。在"树塔居"（北京，2018）中，原始单元平面就是两个线性排列的房间，我们的做法是将一系列功能结合中部隔墙整合成"大家具"，成为单元间彼此观看的媒介。它有体量厚度和特异化的空间造型，强化了"观看"的戏剧性。两个单元一明一暗、一密一疏，主次分明。在主视线尽端设置沙发区，以强烈的冷暖光线对比成为视觉焦点。可以把"大家具"看作虚实转换的"洞穴"，它绝不只是一个功能集成的模块，或仅为满足浪漫趣味的架空小床。（图16、图17）

实际上，这样的操作与其说是完全意义上的双格关系，不如说是线性排列的二格向三格的扩展。中间"大家具"的作用，有点像五峰仙馆的边庭，作为单元间的缓冲，它小于房间而大于家具，好像水中之石，其内部又是空的。在"高低宅"项目（北京，2020）的主体部分，我们也在两个单元之间置入了一个类似的"大石头"，只是它的形态更加清晰，在一米厚度中安排一正一负两个体量，分别容纳洞口和小床，整合为一个装置，还充当不同标高的缓冲和视线屏障，用斜向垂直墙壁强化深度感。可以说，即使是简单的双格，也必须通过某种空间体量操作使之转化为三格关系，以实现节奏变化。置入体的横向延伸平衡了双格的纵向趋势，一定程度上在单一线性组织外引入了新的感知角度。（图18、图19）

因此，线性排列的二格与三格间并无明确界限。"小山

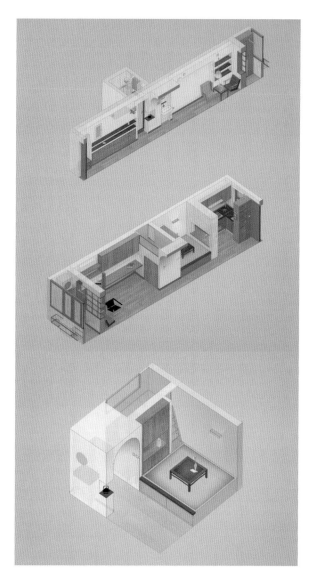

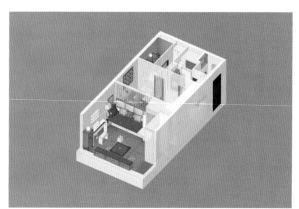

宅"(北京,2021)的原始格局就是南北两个房间和中间方形小暗厅的线性排列。我们沿用原有格局，将中间部分抬高，利用高差安排各类服务功能，上面女儿房尽可能保留双向通道，尽管北侧只做了一个"兔子洞"，但整体思路与"树塔居"如出一辙，并利用面宽多出来的600毫米制造了一个环路。但当中间格真正扩大到房间尺寸，两侧房间的信息流动就大大削弱了，这时一片分隔墙就进一

039

步增加厚度，分化为新的中间格，两处处理手法不同，就更有趣。（图 20）

综上，创造"之间"的载体来形成新的对话，打破薄壁分隔的硬边界，是基本设计策略之一。"之间"的形态多种多样。在"叠宅"项目（北京，2020）中，客餐厅一体的大敞厅当中置入一个"大家具"。与之前操作不同，这个装置充分利用房屋面宽演化出三个半层次，又在各个细分单元间建立了对角破缺，像一块湖石的内部。基本形态与"树塔居"类似，但架空小床向东错动 500 毫米，亘在炕间与衣帽间的分隔墙上，拉通了玄关和书房，建立了一组微型的九格关系。但在整体上，它可以看作两格的细化操作，细化到极致就是圆柱后面墙壁夹峙的陡峭爬梯，仅容一人攀爬，像在假山内部。炕间进深超过 2000 毫米，已将餐厅和书房隔离，故又通过柜体加厚屏障，并以带深度的洞口充当界面，根据不同的连通需求处理成南虚北实。炕间作为平面几何中心的同时也是家庭生活核心，四面八方的信息汇聚于此。（图 21、图 22）

虽然排斥纯乎出于想象的"一池三山"，倒也不妨借助业主的宠物来探讨更极限的尺度操作，这就是"小大宅"（北京，2020）内嵌于墙壁中、高举在主人头顶的猫窝。它像是借用墙壁的厚度来实现，却又大于墙壁厚度，同时还在外壁内嵌了一条供猫咪上下的暗道。虚实反转，让人迷惑。猫的体积大概是人的 1/50，猫的空间是人的 1/3 ～ 1/4。猫窝是一块猫尺度的太湖石，连通了烟道、厨房、餐厅和走廊，策略上与"大家具"类似，只是人无法替猫去感受。为了强调这种同构关系，我们把它做成同客厅一样的双拱界面，借以窥视内部。（图 23、图 24）

如果进深和面宽大致相等，住宅就拥有一个近乎方形的大空间，因为缺少必要的分隔，所有功能混在一起。这时候，我们会特别留意如何因借现有条件创造分隔。比如"卍字寓所"（北京，未建成）平面中央的暖气管

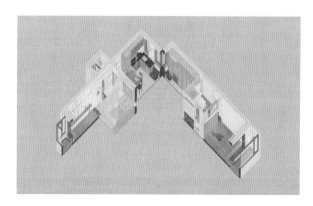

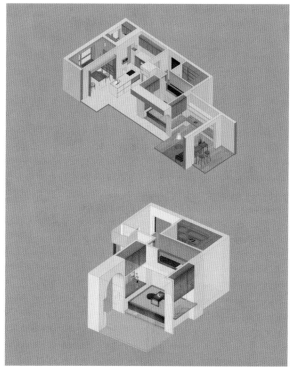

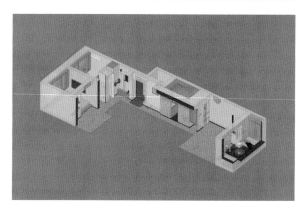

道、"卤宅"（北京，2022）平面中央的烟道，"井宅"（台州，在建）平面中央的风井，以及"小山宅"平面中央的煤气管道，我们通常不做移位的尝试，而是利用原有位置来限定，进行隐含的区域划分。"卍字寓所"是将管井结合书桌、置物架和灯具设计，

共同形成开敞空间的"中间区域"，可以通过移动隔断独立出来，功能呈对角分布，分别是卧室、书房、客厅和厨房。"卤宅"的中部为烟道改造的书桌，周围也是类似的四个功能区域，这里烟道的镜面不锈钢表面既阻隔了视线，又沟通了四个象限，一定程

度上充当了信息沟通的中介。(图 25、图 26)

现实中很难遇到房间对角排列的户型，古典园林中，沧浪亭翠玲珑那样戏剧性的斜向布局也是相当少见的。像寄畅园秉礼堂的水庭和西南、西北两个角部单元的衔接堪称典范，但它是在八向的完整九格系统中讨论对角关系问题。假如说"叠宅"的炕间是对角关系的局部探讨，那么在"棱镜宅"（北京，2020）中则是一次系统尝试。也许只有在 29 平方米全功能住宅的设计压力下，才会催生这样的布局。原始平面是南北两进的方形，南侧是独立房间，北侧分为入口小黑厅和朝东的厨卫。这里隐含着一个田字四格空间，但条件所限，无法通过两两单元置入厚度来增加层次。与线性排列的双格或三格相比，田字四格最大的不同是多出两个对角方向的视线。对于小空间来说，这是决定性的设计条件。我们采取的策略是更改洞口位置，将住宅中部打开，扩大四个象限的边界，使之互相嵌入，中部成为一个"空"的装置；用深色木框勾勒对角切口，延伸成为"静中观"那样的半亭，相邻四格成为彼此对角窥视的"体积窗"。这也让"棱镜宅"成为工作室住宅项目中视觉形态最复杂的一个。这个案例说明，利用厚度来建立区分、创造层次，这个"厚度"也不一定非要用实体来表达。(图 27)

"三一宅"（北京，2021）连通三间卧室和餐厅的走廊节点在空间布局中的作用也是相似的，但它的洞口出现在"正面"，通过对不同内表面涂色处理，内向的盒子平面化，并向外围溢出，成为一个"空"的交叠部分。我们希望盒子体量本身不被注意，而将视线投往它所连接的空间单元，因此在墙壁不同高度上开了两个奇异的圆洞。(图 28、图 29)

同样的处理方案在"九间院宅"（天津，未建成）二层有更深入的探讨。利用拓宽的走道、结合卧室和茶室间的转换部分做出一个膨大的书房，像古木交柯交通空间中膨大的庭院，北侧尽头是走廊端头的零余空间，

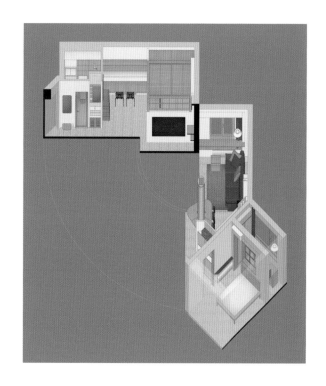

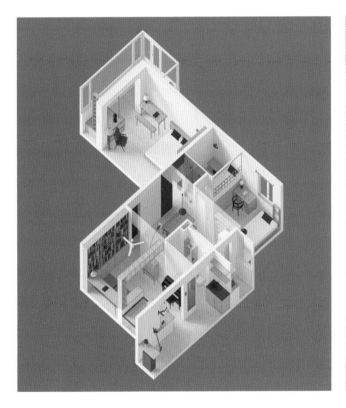

窗前植一株小树，可以从内部空间的各个方向窥见。书房与卧室是平接，与茶室是对角连接，每个方向都有数个层次，内部视线特别丰富。

"大山宅"（北京，2021）的原始平面是两个并置的矩形，东西排列，中间为分隔墙。我们根据功能设定环路，并在东西两部各做出三个段落。中间墙体开900毫米见方的洞口，除为餐厅带来围合感之外，更重要的功能是让对角线保持贯通，从而为房间"扩容"。西边的三间卧室中部高、两边低，通过各种洞口和缝隙保持联系，同时限制视线，保证私密性。两处重要节点，一是西南阳台改成的入口玄关，它面对卧室区堆叠的体量和丰富的洞口，又引出上山坡道、儿童房下方的衣帽间走廊、通往起居室的曲折道路，是真正的"多孔空间"。另一处最佳停驻点是餐厅，从这里可以透过软隔断看见客厅，也可以遥望北侧厨房窗外的树木。西侧从南到北有三个方向的视线，分别是玄关通道、墙面洞口和北向上山的小楼梯，西北角是主人卧室，可以回望餐厅，这一条视线也是特意保留的。大山宅可以看作九格中的六格，它有垂直方向上的高差可用，因此更加生动。(图30~32)

"三明治宅"（北京，施工中）为胡同中的三间平房，由南至北平行排列，之间仅有狭窄过道，布局呆板。

我们在过道中置入两个"小房子"，将南北拉通作出室内的连接，并为每个房间配备专属院落，虽然院子都很小，但依然为生活带来了阳光和绿意。其中东南角落的院落最大，同时服务于父母卧室和客厅，是将原有南房拆除1/3而得来的。调整布局后最大的空间效益是四通八达的门厅与过厅，相当于在错综的房间群中部形成一个枢纽，也就是九宫格的中间格，将局面做活。

住宅与其他类型的建筑是有区别的。如果用地规模大一点，房屋内部空间就会相应地变复杂，因为人体尺度是恒定的，房间太空旷，不能藏风聚气，于身心无益。过多的房间分隔又会造成幽深昏暗的"内部"。有一年

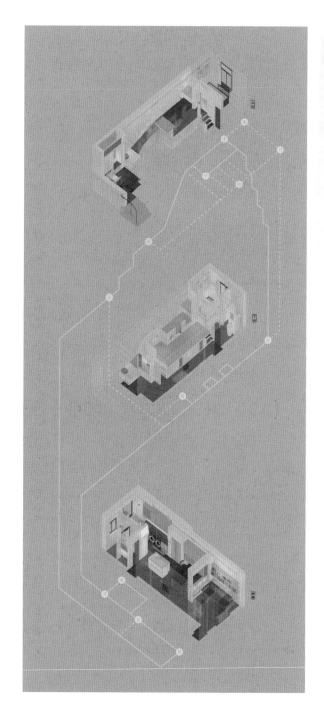

图30：
"大山宅"立轴轴测 ∧

图31：
"大山宅"通往儿童房的台阶 ＞

图32：
"大山宅"入口玄关 ＞

去参观清末大宅院中的小姐闺楼，幽深的房间里又有架子床浓重的阴影，人像洞中沉睡的困兽。园林中的明堂水榭讲究八面来风，来风就是接收来自八个方向的空间信息，使人居空间成为一个内外交融的复杂体系，解读这个体系，可以把九宫格作为参考系。我们感谢现代建造系统和现代材料为居室带来简洁明快，但也不妨碍留恋园林空间的曲折深致、光景转换，如果能在当代的小空间中创造"深度"，就能将二者结合起来。

居室中的"造园"实验，是以人体为尺度，以现实为条件，以九宫格为工具，系统探讨空间"深度"的一种个人化的尝试。随着项目规模的扩大和系统复杂性的提升，相应的处理需要更灵活精准的手段，古典园林为我们提供了庞大的形式资源。但在形式操作之上，是一种根植于园林中的"内蕴视野"。"内蕴"是借鉴微分几何学的名词，意思是"只需要在某个给定的几何对象内部进行研究，不需要外围的背景空间"。现代建筑学中的造型研究，因为二维投影和缩尺操作的缘故，都有不同程度的"外蕴"倾向，建筑师像是摆弄小模型的巨人。园林引导我们回到内部，以第一人称视角来回应环境、

创造空间，这是另一个问题，有专文讨论，不再赘述 [8]。

## 4. 空间的"园林性"

我们认为，在"住宅"这种建筑类型中，表达超越日常的情感既不必要也不适宜。崇高感、纪念性与"在世间"的感情彼此冲突，对普通人来说，时光流逝，家宅是内心得以安放的场所，但这种安放，必须是同柴米油盐、同私人情感、同成长的烦恼和生老病死相关联的，流动性本身可以触发审美体验，对应于李泽厚所说的"乐感文化"，在心理结构上，也让中国园林更重视日常的丰富情趣，抛开孤寂高远的克己追求。对于中国人来说，"海上仙山"其实是一种现实诉求的折射，即便不属于享乐主义，也是真实自我的诗意展现，而建筑作为一种社会经济运行的物质现实，往往忽视"个人性"，展现出单一雷同的特征。中国园林的一切精神追求和物质呈现，都建立在"个人性"的基础之上。因此，园林偏爱非对称性和具身体验，不用严整的仪态和非人的尺度来唬人。

谈到"具身体验"，在空间操作上，具体化为房间的尺度问题。一个房间多大算大、多小算小？在居室设计中，这个问题等于不存在，因为住宅规范决定了数据范围，个人的经济能力决定了面积上限。可以说，2.5米层高和3米开间、30~200平方米的封闭空间，是绝大多数人赖以实现自己梦想的"宅基地"，也是居室设计的极限，只能因借之，而这恰好限定了空间操作的可能性，逼人去思考关系问题。面对稍大的开敞空间，也不妨通过实体与虚体的置入来划分领域，形成功能与感知的分化，在连续中创造不连续。

园林是造型语言中抽象与具象结合的典范，从这个意义上讲，《园冶》是一部跨越时空的营造手册。它不仅提供目的也展示方法，只要剥除"方言"，就能窥见其与现代空间营造的高度契合，从而用非园林的素材来营造出具有"园林性"的空间。汉宝德认为中国园林不是一成不变的体系，它的发展历经林园、庄园、田园，到明清终于蜷缩到极其狭小的市井中 [9]113，与此同时，园林的欣赏对象也从自然山水和田园风光发展到空间折叠 [9]134。根据曹汛的研究，计成的理论贡献体现在强调举隅而非象征的修辞，用真山水的一角取代缩尺的山水模型 [10]，空间尺度向身体逼近，真山水的细节仍在，近世园林因此发展出独特的"具身性"体验，以及小空间中的"深远"追求。它打通了庭院与居室的边界，让中国园林一直没有脱离居游属性，使造园与山水画和盆景艺术分开，也为在更狭小、更缺乏自然属性的居室空间中的"造园"提供了思路。

如果我们以抽象的眼光看园林，是否可以这样理解"造园"活动：一种高强度的空间操作，以身体和功能为依据设定空间单元尺度，通过对单元间关系的探讨，合理吸纳场所、功能和主观需求等外部条件，实现无限绵延的空间虚实转换。最终的空间形态，亦即"空间的园林性"，可以参考王永刚绘制的太湖石图，一个虚实相生、多孔多窍的的内蕴空间。

2021年9月，受山中天美术馆之邀，工作室与绘造社联合举办了"北京房子"展览。我们最初的设想是将7个之前的住宅设计拼合起来，将屋顶拉平，利用原始层高差异形成丰富的地坪高差，共同组成多孔多窍、循环漫游的"居室园林"。居室本是私密空间，家家户户丰富的内部环境被分户墙隔开，比邻而居，在现代住宅中却咫尺天涯。在展览中，位于北京不同地点的几个居室被拼到一起，从客厅窥见别家的浴室，从卧室进入别家的餐厅，好像一个巨大的房子走也走不完。在这个房间组成的"园林"中，所有家具都以红色充当"花木"，成为漫游中眼前的"景"，也是身体的尺度。因为场馆规定的限制，这个方案最后没有实施，但它许诺了一种图景，让人可以从居室中想象园林空间。(图33、图34)

童寯发现："中国的园林建筑布置如此错落有致，即使没有花草树木，也成园林"。王澍认为这句话打破了现代建筑和园林之间的界限 [11]。以这样的角度看现代建筑，很多案例与园林空间具有高度的一致性，比如斯卡帕就是在城市缝隙造园，路斯就是在室内空间造园。其实城市亦是如此。建筑是实，街道和广场是虚；建筑的墙壁是实，内部又是虚；建筑内的管井是实，内部又是虚。空间就是这样连续绵延而无止境。城市和居室，是人造环境的两极，从大到小，有形有象，有血有肉，只要稍加因借，都可以拿来造园林。

回到"居室园林"的话题，如何在狭小的生活空间中做到"眼前有景"？回答如下：以空间单元的相互关照为景，就是以多孔嵌套、反复折叠的空间结构自身为美，以第一人称视角取代第三人称视角，学习园林，建立"内蕴视野"，忘记形体之"实"，才能看见空间之"空"，此即"居室亦园林"的含义所在。进一步说，随着技术进步，无所不在的全知之眼覆盖每一个角落，公共空间越来越像人头攒动的集体主义大舞台，个人的形体、精神若无居室可以安放，又向哪里去自我放逐？惟今之日，居室之外，是否还有园林的容身之处呢？

图 33：
"北京房子"展览模型照片 >

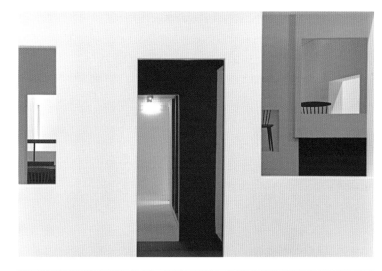

图 34：
从留园鹤所空窗看园景 >

参考文献

[1]
计成 . 园冶 [M]. 重庆：重庆出版社 ,2009: 244.

[2]
童明 . 建筑学视角下的江南园林构成——一种反图解的立场 [J]. 时代建筑 ,2018(04):10.

[3]
刘晓芳 . 苏州留园史研究 [D]. 苏州大学 ,2018:24.

[4]
JIN Qiuye. The "Homeopathic Urban Design" Method in the Urbanization Process of Chinese Cities and Its Relationship with Traditional East Asia Thoughts: UIA 2017 Seoul World Architects Congress Book[C]. Seoul: FIKA Press, 2017:40.

[5]
朱雷 . "得州骑警"与"九宫格"练习的发展 [J]. 建筑师 ,2007(04):40-49.

[6]
柯林·罗，罗伯特·斯拉茨基 . 透明性 [M]. 金秋野，王又佳，译 . 北京：中国建筑工业出版社，2008:90.

[7]
鲁安东 . 隐匿的转变 : 对 20 世纪留园变迁的空间分析 [J]. 建筑学报 ,2016(01):18.

[8]
金秋野，谢舒婕 . 将身体正确地安放在空间里 [EB/OL].
https://mp.weixin.qq.com/s/17EPLinyi0HId137tKFcWA, 2022-07-06.

[9]
汉宝德 . 物象与心境 : 中国的园林 [M]. 北京：生活·读书·新知三联书店，2014:113.

[10]
曹汛 . 中国造园艺术 [M]. 北京：北京出版社，2020:50-51.

[11]
王澍 . 只有情趣为《东南园墅》新译序 [J]. 时代建筑 ,2018(04): 54. DOI: 10.13717/j.cnki.ta.2018.04.017.

# 话题

# Observations

**谢舒婕**：建筑师　　　　　　　　**金秋野**：建筑师，北京建筑大学教授

# 将身体正确地安放在空间里

Place the Body
into the Space Correctly

**谢舒婕：**

之前我去大山宅的时候，我在那个空间玩了一整个下午，体会了空间和我的身体发生的紧密关系。您说您在设计大山宅的时候使用了和园林的一样身临其境的视角，而不是一个跳脱于场景的在空中俯瞰的视角。这里就涉及主观视角和客观视角的问题。但是，建筑师的意愿和使用者的意愿经常不会刚好完全重合。因此，从建筑师的主观视角所看的空间和从使用者的主观视角所看的空间并不一定是一样的。您觉得他们会按照您设想的方式去使用这个空间吗？

**金秋野：**

这里面有一个概念要先梳理清楚。不是主观视角和客观视角，而是第一人称视角和第三人称视角。虽然这两对概念有点像，但其实不一样。第一人称和第三人称视角，都既可以是个人化的，也可以是普遍性的，只是第一人称视角是沉浸式的，人在场景中，主体与观察者合一。这个"主体"，我更愿意理解为"人"的身体。与之相对的第三人称视角指的是从场景之外去看的视角，就像看一个摆在桌子上的模型。建筑师通常习惯使用第三人称视角，也就是巨人视角，其实应该化身为使用者，从里往外去雕刻空间。就像柯布说的，"一切外部都是内部"。这个世界无分内外，最开始我们面对的是没有场所属性的抽象匀质空间，自然世界拥有山川、河流、树林等具体形式，都可以看作是环境信息，人的建造也是环境信息。在第一人称视角中，我们用身体去感受地势的起伏，感受水的流动，我们用身体接收环境信息。因此，只有回到身体这个观察点，人才能真正理解环境、想象空间。

柯布非常了解这一点。在《走向新建筑》里，他一直是第一人称视角的观察者。他带着我们走进建筑，走进城市，用身体去穿破空间。但是《透明性》的作者硬把这个身体经验变成了隔着一定距离的"正面"，然后用凝视的办法想象身体经验。建筑学的基本训练里，就包含这种职业化的"凝视"，投影法就是用第三人称代入第一人称的工具。真正的第一人称视角应该是不用代入，不经转换。

**谢舒婕：**

我同意您的想法。在学建筑学之前，我对空间的认知主要是一个一个的场景。在接受了一阵子建筑学教育之后，我才能熟练地把二维图纸在脑海中转化成三维的空间场景。因此，我觉得您说的第一人称视角的设计操作其实更加直接指向人对空间的认知。

**金秋野：**

尽管在观念上，物质空间可以看作连续匀质的三维空间，它或多或少已经容纳了一些环境信息，不可能是一张白纸。我们用墙、楼板、柱子这些建筑要素去占据、分割，都要同初始条件发生关系。怎么介入，才能不损害空间本来的可能性和潜力呢？山体、树木、河流占据和分割空间的方式很好，但缺乏目的性。建筑师如何有效地利用三维空间素材，形成语言和逻辑，组织有效的叙事，让它既有意义又有趣，而且有很高的信息密度和质量，这是一个值得思考的问题。

在园林中，微妙的地形变化让人的行为和视野三维化、差异化。与一片平地相比，园林中的信息密度和质量更高。而且，造园家创造了节点、中心、周边、无数个环路和很多场景。他们把这些场景串连起来，再把建筑、花木、石头等点缀其间，借到远处的景色，形成一组组对立统一的关系，化为人体验中的景色。这些操作都让小小的空间释放它的潜力和可能性，创造出一个高度信息化的场景。这个场景的空间品质取决于它的尺度和单位空间的信息密度，以及要素的组织方式。即使残粒园这样极小的园林，也创造出超乎日

常的诗意和深远感。（图1）

外 观

图1：
苏州的残粒园，一个140平方米的园林。

**谢舒婕：**

说到信息量，我就想到基于场地问题的建筑设计方法——分析场地，提出要解决的问题，然后逐个回应发现的问题，在回应问题的过程中推进设计。对于场地的这些分析就是我们对空间信息的获取过程。我们对这些信息进行回应，就是在这些信息上叠加一层我们的信息，两层信息会互相作用，也许相互消解，也许互相促进，也许只是单纯并置。

**金秋野：**

这让我想到阿尔托说过建筑设计就是解答问题。但是，卡尔·斯特劳斯又提出一个有意思的观点——"设计不是在寻找出一个解决方法，而是在解决中给予一个谜"。

**谢舒婕：**

您说的意思是，人们进入了建筑以后，不仅要让他们觉得问题解决得好，空间很舒适，这个建筑还要给人带去思考。

**金秋野：**

语言的魅力在于言外之意。"床前明月光，疑是地上霜。"写的是月光落到地上好像是霜一样，这是直接的解读。但是，这句诗里的月亮为什么能让人情绪上起波澜？它一定是被赋予了某种文化意义和价值。在建筑设计中，建筑师借助于极为普通的空间语言，比如墙、楼梯、柱子、窗的造型和组织，就能把一种额外的感受带入环境，让空间诗化，我觉得这是建筑师必备的一种本领，或者说至少是一种有益的探索。

**谢舒婕：**

我想到一些园林在小空间中铆足了劲展现自己的空间，是突破围墙的广大，就像环秀山庄用了多种手法告诉你它的空间延伸到了围墙外。一些园林建筑的窗和窗外的墙之间会有一个空隙，中间会种植物。这就是一种通气的感觉。流动空间这个概念也是一种通气的感觉。因此，我感觉园林和流动空间是有关系的。

**金秋野：**

对，这也是为什么现代流动空间跟园林之间可以发生对话的原因。流动空间是一个思维模型。它突破了被边界严格限定的只能从门进入的空间模式，让你感觉到外面还有空间。它告诉你即使让空间全都流动起来的话，也可以是好用的。

但是，不同的流动方式之间还是存在一些区别。以巴塞罗那馆为例，其实它的一个空间单元与另一个空间单元间并不能够互相看透，更像是在交代连续的运动关系。墙体和路径，而不是洞口，充当了空间之间的中介物。巴塞罗那馆的多数空间单元之间无法互相看透，只是让你意识到身体可以连续运动。

园林则不同，园林不只是迷宫，它还要上下输送、打格子穿洞。无论置身何处，不同空间单元之间总有一种对望关系。单元之间以各种方式互相连通，区域之间总是故意留出窥视的空隙，人的视线一直在捕捉新的信息，不用身体运动，视线就在漫游中。园林实际上要比现代意义上的流动空间更复杂，包含了很多让小空间生出褶子，并且让褶子之间发生对话的手段。

**谢舒婕：**

我很喜欢杭州的中山公园里的"西湖天下景"那个亭子。它处于一个凹陷下去的园林中。人坐在亭子里向上望，在石壁的上面有很多树。我经常

可以听到老大爷们在树后面的亭子里聊天。我看不见他们，但是他们的声音信息却可以透过树叶传递给我。这两个的空间虽然互相看不透，但是，有高密度的信息传递，其实这样看不透的空间也可以很园林化，也可以深远。(图2)

**金秋野：**

所谓建筑的"园林性"，我理解就是童寯先生所说的"疏密得宜—曲折尽致—眼前有景"。这三条里并没有谈花木、叠石、池塘这些标志物，应该说，对园林之外的其他空间都是适用的。巴塞罗那馆在相对平坦的场景上展开，而路斯的空间在三个维度上展开。路斯的空间更有舞台感。什么叫舞台感？舞台感就是空间对话的视觉可能性。因此需要一些视觉引导，一定身体可以到达的暗示，然后身体确实可以到达，但需要经历一些周折，这样的空间更有意思。视觉引导可以大大丰富空间层次，增强园林性。

一个例子是巴拉干的嘉布遣会小礼拜堂，主堂空间几

图2：
杭州西湖边的中山公园里的"西湖天下景"亭子。图片左边石壁上的植物后面是另一个亭子。两个空间互不可见。

图3：
周边的信息透过屏障进入中间的空间。*Luis Barragán, capilla en Tlalpan ciudad de México/1952*, Armando Salas Portugal

乎是空的，也没有直接的采光，就是个 10 米高的大方盒子。面对这样的空间，极少主义的做法就是把它全刷白，然后让人们感受"微妙"，就很无聊。巴拉干的做法是让这个空间的周围信息都透进来。经过过滤的光线、管风琴的声音和人在周边活动的身影透过屏障进入到封闭的主堂。几个小空间，看到却进不去。从主堂绕进耳堂的路径，也是曲曲折折，主堂与耳堂的关系，就像你说的那两个可以互相听见、却不知如何到达的小亭子。巴拉干知道当一个空腔被三个空腔包围的时候会发生什么，很主动地去利用它们，而且把它抽象提炼到了一种反日常的陌生的状态，让你感受到这件事情又仿佛不认识。这足以说明，园林的空间趣味可以用非常抽象的设计语言来表达。(图 3)

**谢舒婕：**

您刚才说到园林是在打格子和四周向中间的空白空间的信息传递，其实这两点很容易联想到四合院。因此按这个逻辑推，四合院是不是也可以算是比较市井化的园林呢？

**金秋野：**

园林就是园林，其他任何空间都可以有一定的"园林性"，但不是园林。四合院太过于规整、有序，意外和偶然不多，多数院落都是功能性的，没有那么多孔隙，单元之间的关联其实是相当稀缺的。有些合院住宅专门设有附属的庭园，就是因为居室部分太刻板了，一直住着受不了，需要调剂一下。

**谢舒婕：**

既然从园林聊到了园林性空间，那么我就想到了童寯先生的"没有花木依然是园林"的想法。

**金秋野：**

童寯先生的这句话，引导我们思考什么是园林，什么是空间的园林性。除了园林和植物的关系，也包括花木在空间中的作用。大自然是循环系统，城市一定程度上切断了这个循环，室内空间里养护植物都成了一种专门的技术。我们想要在室内创造山林意象，又不想花太多力气去养护真正的花木。那怎么办呢？花木的价值是什么？它在空间中到底扮演什么角色？我觉得花木更多应该是一种象征，它代表大自然出现，作为最生动的要素，参与空间趣味的塑造。花木、石头等自然物与人工的几何形态形成对比，是点睛之笔，而不是必需品。并不是任何花木或石头都可以进入园林，造园家偏爱有姿态的东西。这是园林与植物园、温室或苗圃的区别。

**谢舒婕：**

在自然与建筑相结合的空间中，我很喜欢日本建筑中出现的那种坐在屋檐下，面对生机勃勃的庭园的空间。在那样的空间里，我感觉到我的身体被建筑保护的同时，又可以感受微风，欣赏眼前的自然生机。

**金秋野：**

但是，这样的空间在现代城市中还是比较奢侈的。如果没有庭园风景的话，只能内向取景。内部和外部是互相服务的关系，当完全没有外部的时候，怎么在内部创造出自然的意象？这是个非常严肃的话题。

就像我在北京坊的展览里把椅子之类的物体涂成红色，让它们代替植物在空间里出现。童寯先生说："中国的园林建筑布置如此错落有致。即使没有花草树木，也成园林"。是什么意思呢？他说如此错落有致，没有花木也为园林，意思就是花木实际上是错落有致的原因之一。如果把花木去掉，地形、建筑、家具、器物也都错落有致。花木可以偶然出现，生机勃勃生机的大自然，充当点睛之笔。这样看，花木并非不可替代。比如，绘画、雕塑和美好的器物也是充满灵性和生机勃勃的，可以成为眼前的"景"。各种各样的要素都可以让空间错落有致，这样纯粹人工的空间环境也可以具备"园林性"。那么花木可以被什么取代呢？我觉得这就是我们要追问的问题。没有花木也成园林，是因为我们可以使用自然素材之外的其他素材去创造空间意境，创造"错落有致"的景。"错落"是说非对称性，也是说层次；"有致"是一种充满生命力的境界。这种境界，不依赖花木也能找到解决办法，才能应对今天的居住需求。

因此建筑师的工作，应该是驾驭现实中的素材。无论是一块砖头、一片混凝土墙、一根工字钢，还是一株玉兰树，通过很好的形态塑造和位置经营，把它们组合到一起，错落有致，焕发勃勃生机。处理不好，即使太湖石和名贵的花木，组合起来也死板生硬，没有韵致。在现代建筑的设计过程中，当我们面对的大平层没有外部且没有生长植物的条件，我们该如何借助于结构和功能安排，让组成空间的物品多姿多彩，又不过度修饰？如何划分区域，让不同的局部发生关联，形成张力？它本身就有虚实转换的关系，有一种对立统一的咬合关系。不同部分咬合在一起，成为体验系统。

**谢舒婕：**

您说的这个让我想到了很多日本建筑师喜欢干的一件事。他们把功能打包放在一个一个盒子里面，然后把这些盒子一顿排列，于是这些盒子之间会出现多样的有趣的空间。这些都是没有特定功能的自由空间。如果这些自由空间是露天的空间，那么我们可以种植物。如果我们把整个区域放在一个更大的盒子里会怎样呢？中间那些丰富的、自由的、随意摆满各种可移动桌椅的空间，按我们刚才聊的，这些空间也是园林。

**金秋野：**

虽然可以这样去理解，但是我觉得园林在语言的经营上面还是有很多用心操作，并不会像表面上那么随意，而且园林相比于你刚才说的那样的自由空间更加丰富。这些盒子摆在自然界里，外面加一个大盒子，原来的内部还是内部，原来的外部也内部化了，但它与原来的内部比，它还是有点外部化。因此在这里，空间的内外转换关系多了一层，张力也就出现了。那么整个大盒子就可以看成是一个独立的环境。

**谢舒婕：**

它就是有一个结界在那儿。

**金秋野：**

就是一个结界，边界特别重要，它促成了关系。匀质的世界没有关系，一对粒子出现了，它们正反相倚，方生方灭，张力产生了。回到刚才的话题——园林其实有很多精密操作。经营和控制是园林的一个核心要素。园林中的很多排列组合看起来无心，其实都是经过精心设计的对立关系。因此中国的园林理论语言，全部都是描述关系——深浅、进退、开阔、高下、疏密、大小。作为相对的空间属性，它们破除了均匀和对称，创造了扰动和生机。并不是说只要把两个盒子摆在一起，或者用一个大盒子把一组小盒子扣起来，就会产生有意义的纠缠。石上纯也最近用碳化木搭出来像废墟一样的建筑，然后在地上挖小水坑，形成一个漫游的空间。我感觉这样的空间没有园林的基本特点，更像枯山水。

**谢舒婕：**

为什么会更像枯山水？

**金秋野：**

其实比较匀质，没有屏障，不是舞台。它不和人的身体发生关系。同样，枯山水也不和你的身体发生关系，更像一种"幻境"，因为枯山水是一种对望，是第三人称视角的空间，没有以第一人称视角才能感受到的疏密、曲折。园林的不同部分的差异性很大，而且这种差异性都取决于你的身体与特定空间发生的关系。园林有非常多的差异和对比，给整个空间带来张力。因为不同，所以要分隔，用身体去穿破，用眼睛去窥探，带来趣味。注意是趣味而不是崇高感和神圣感，趣味是普通人的、人世间的感情，不是宗教感情。我觉得日本文化里边一直都有某种枯山水的遗迹，枯寂而至于超越，就是在禅意的心态里去观照禅意的景色，从心理上而不是身体上去玩味它。(图4、图5)

**谢舒婕：**

落实到设计过程中，我们如何做第一人称视角的空间设计呢？如何在设计阶段就进到空间中用第一人称视角去推敲呢？我们常规的做1：200或者1：100的实体模型的推敲设计的手法，其实丢失了很多信息，特别抽象。但是，我们也不可能每个空间都做1：1的实体模型。我之前看了于岛老师关于做大模型去推敲建筑空间的分享视频，我觉得很有启发。他发现把模型做到1：10的时候，材料特征甚至结构的信息会更加接近于现实。

图4：
日本京都龙安寺的石庭是著名的枯山水。人们与庭园的关系是对望，是第三人称视角关系。

图5：
无锡寄畅园中的八音洞与人的身体发生紧密的关系。人的身体在穿破一层又一层的空间，人的视线在不断探寻。这是第一人称视角关系。

**金秋野：**

有了VR技术之后，我在实践中就不做实体模型了。我觉得比例是工具。我们图板就那么大，自古以来人们在图板上都拿缩尺来设计建筑，因此建筑师特别看重比例。但是，任何缩尺都是第三人称视角。而且，比例决定了身体是否参与。前几天 VR 设备出了问题，变成了 2:1 的比例，我戴上头盔，有一种惊悚感，感觉自己变成了霍比特人。沿着这个思路，其实建筑师摆弄比例模型，哪怕 1:2 那么大的模型，也是巨人视角。我们不是侏儒，不是巨人，1:1 的视角才能得到真实的体验，身体真实参与。只有服务于"身体"这个尺度变量，设计才是有意义的。这就是 1:1 的重要性。

长久以来，建筑设计使用缩小比例的图纸和模型来构思空间，建筑师们已经习惯了巨人视角，现在有机会抛弃这个代用工具，不用 1:100，也不用 1:2，回到真实的 1:1。这对行业来说是革命性的。但其实也是回到传统，因为建筑成为学科以前，还没有精确的制图方法之前，匠人们就是采用 1:1 的"内蕴视野"来营造空间的。人的身体是最初的设计工具，为空间赋予尺度。工具革命的目标是重新将身体正确地安放在空间里。

具体我们是如何运用 VR，也就是在 1：1 的世界里，做设计的呢？在 1：1 的世界里，我们可以投放大量的细节。我们做到桌子的形态，桌腿的形态和连杆的形态，甚至连螺丝的位置都留好，再深一层就交给施工图设计单位去完成。我们在 VR 中主要把控设计的完成形态。在施工中，如果现场反馈了信息，就在 VR 中做对应的修改，再判断行不行。设计师在整个过程中控制大原则和最后的形态。这两个环节把控住了，过程中的其他事情都是可以根据实际情况灵活处理的。这样我就不大需要借助经验和想象，直观看到第一人称的建成环境。像疏密、曲折这一类空间特征，只有第一人称视角才能看见。

**谢舒婕：**

VR 的世界会有一个问题，那就是重力消失了。而在实体模型中，至少还是受到重力的影响。关于结构的部分，实体模型比 VR 更加贴近于现实。

**金秋野：**

你说得对，VR 里没有重力。然而，即便是实体模型，也不能很好地判断结构。我们之前带学生参加建造节，试验的时候搭建了 1：2 模型没有问题。等后来到了建造节现场，1：1 实体搭建还是立不起来。因此，实体模型对结构判断的帮助也是非常有限的。建筑中的结构设计部分还是需要结构设计师，我们需要的最终是建筑师的"结构意识"。不过，我们可以期待下一代 VR 引入模拟现实世界的物理引擎，这样可以让虚拟世界更加"有用"。虚拟世界貌似可以不受束缚，但我觉得"任意"并不是好事，它会让有效信息大大缩水。

**谢舒婕：**

聊到技术，我就想到前阵子我们还是普遍用 QQ，没过多久，大家都纷纷转用微信了，而今天我们在这里讨论 VR 在建筑设计中的普遍应用。我们处在一个快速发展的时代。

**金秋野：**

对。在这个时代，全方位的虚拟感知渐渐变成了一个趋势。在操作层面，数字化精准控制变成了主流。我不排斥数字化对设计的影响，因为我觉得在技术转变的过程中，数字化让我们更清楚地了解感知。之前我们模模糊糊知道什么是好什么是坏，而现在可以通过数据去精确识别。但是，我觉得这些技术的最终目的还是为了帮助我们了解自己的感知，而不是用数据来接管感知。因此，一切都轮转过一遍后，现象和人的主观感知一定会被重新设定为设计行业的核心。

那么，我们在未来使用什么工具做设计呢？VR 的出现对我最大的触动，是它打破了我们沿用了几千年的工具，像比例、尺度、投影图等的局限。而纯粹的三维数据的 BIM 模型，在我看来也只是一个数据模型。最后，这一切一定会变成一个现象模型。这个模型包含所有的数据，但是它能让我们直接感知，以第一人称视角，从内部去了解。我们未来会在元宇宙里面做建筑。我们要思考的是真正有意义的有价值的元宇宙是什么。

**谢舒婕：**

您刚才说不管技术怎么变，时代怎么变，我们最终还是要抓住感知。我就想到我之前不知道在哪里看到的还是自己想到的一个事。建筑学里似乎有不变的东西，就像在河底不动的大石头，我们所看到的表层的水流似乎一直在向前涌动，一直在变化，但是实际上水流的起伏走势都受到了河底大石头的影响。在这里有两个问题我一直在思考——第一是这个大石头是否存在，第二是这个大石头是什么。按您刚才的论述，我在想这个石头是不是感知呢？

**金秋野：**

对，我觉得就是感知。它是大自然赋予我们的尺子，去衡量"真实性"，去体验"趣味"，为一切赋予意义。其实建筑设计的核心问题就是如何做一个可以把我们的物质身体安放进去的壳。我们的物质身体实际上是感官的载体。如果我们这么看建筑的话，那么人在特定空间里会接收到什么样的信息呢？这个事情无论是在现实世界里还是在虚拟世界里，在古代还是在今天，都是建筑学必须要思考的一个问题。空间是信息，建筑是现象。我们不能够太过于依赖工具和数据，它们都是为了将身体正确地安放在空间里。

《花园里的花园》是我之前写的一本书，这个书名的意思是我们营造的小世界是天地大花园里边的小花园。之前我在写《异物感》的时候，我讨论的是为什么我们现在生产出来的空间越来越让人无处安放，这些空间不像是为人的身体生产的，而像是一个异世界里边

的怪东西，信息量非常低。我们难道就任由物质环境这样演化下去吗？那么我们如何利用现有条件，在宇宙里面为自己创造一个栖身之所？这些听起来似乎有点抽象，但是我觉得它和每个人的生活都息息相关。

是不是我们回到原始的自然空间就是一个最优解呢？我觉得不是的，现代人已经很难接受纯自然的原生环境。但是，我们能做的是思考如何让人造环境带有某种自然的气息，丰富而美，错落有致，成为复杂的信息系统，配得上大自然赋予我们的丰富感官。在这个意义上，我们要向园林学习。

**谢舒婕：**

哈哈哈哈，原来这一下午我们一直都穿梭在园林中啊！

策划、撰文：谢舒婕

# 案例

# Case Studies

树塔居

Tree and Tower House

## 1. 舍大就小

这个设计源于实际的生活需求。作为女儿入学的必要条件，买下二环边上这座不足 40 平方米的小房子，从此结束让人筋疲力竭的通勤，开启步行上下班的时代。

另一方面，内心其实也有强烈的渴望，在小小的空间里解决居住问题。最强烈的驱动来自于一种身体性的腻歪。不久之前，我在住了近十年的房子里感到窒息，快要内爆了。人活在对自己的误解里，所求永远多过所需。要不要赶时髦，来一把真正的断舍离？搜刮记忆库，那些最让人感动的案例，恰恰不是禁欲的建筑，相反充满了亲密情思。以是观之，思考房子到底有多小，等于重新审视自己的身体和欲念。

两年前第一次踏进这个未来的居所，眼前的景象可以用惨不忍睹来形容。昏暗破旧，带有不良气味的衰败感，可能逼退了不少潜在的买家。回去之后在本子上勾了个草图，关于未来生活的憧憬，抵消了所有当下的不适。我写了一份 5000 字的任务书，将生活习惯总结了一番。回头看，当初的判断是对的。只有小才可以充分、才可以精美、才可以亲密。对三口之家来说，30 平方米真的很大了，不必再大了。

## 2. 计实当虚

当我要把一面墙加厚 25 厘米时，遭到人们的一致反对。这么小的房子，只有两个穿套的 3m×5m 房间，去掉两米的床，走道仅剩 1 米，怎敢再占去 1/4？所有的功能排一排，还有好多放不下，给洗衣机、冰箱留个位置，都成了老大难。但房子虽小，生活不能缩水啊！以常规方案，里外两间，一间做主卧，一间留给小孩子，两张床一摆，就什么生活质量都不要谈了。小户型缺乏回旋余地，无法处理现代居室中居于核心地位的公共与私密空间分隔问题。

那么，是否可以不做卧室呢？我想起了东北的火炕。炕作为家庭生活的绝对核心，其实也起到会客的作用。民国以前，厨卧一体几乎是中国北方普遍的居住模式。对私人空间的无限追求，起源于现代西方对个体性的过分关注，很小的孩子也要分床睡。日本的和式房间本身就是一张大床，东北大炕跟它有点像，被褥白天必须叠起来放进炕柜，昼夜转换，空间本身完成公共与私密的接力。现代的卧室，被褥铺在床上整天不收，好像在宣示：这里是禁区，外人不得涉足。在漫长的白天里，造成使用空间的极大浪费。这一点，至少在中小户型中难以消受。与之相比，火炕的多用性让我着迷。真有必要将一切分得清清楚楚吗？大都会博物馆里有一个 17 世纪大马士革的贵族房间，四四方方就是一铺大炕，主人就坐在那里饮食起居、款待宾客。那个房间只能看、不能进，却唤醒了我遥远的东方想象。

与床相反，炕的面宽大于进深，留出更多的地面空间。这样的穿套户型，适合单面布置，用一条纵深的走廊贯穿起来；如果以分室墙拦截腰斩，一口气就断绝了。就这样，格局慢慢成型：为了压缩空间，要求功能归并，取综合而不是分化；要求空间连贯简明，同时增加节奏感。具体方法就是在两个房间结合的地方，将墙壁扩大为一个盒子，将功能统统塞进去，通过在狭小的空间中再植入一个实体，将其他部分掏空，有点像虚竹破解玲珑棋局。

这个实体大于家具、小于建筑，在建好的室内环境中反而不易察觉。做模型的时候，我特意将这个东西单独做，再塞进房子。此时房间本身就剩下一个框子，像个容器。"大家具"有好几个，在墙壁和家具之间增加了一个层次。所有的功能和需求都囊括其中。

将原有 10 厘米厚的隔墙扩展到 1.4 米，连着炕的一面塞入 30 厘米厚的炕柜，朝着另一个房间的一面是落地的大衣柜。上面掏空，做成了女儿的小床，90cm×180cm，高度也是 90 厘米，足够她度过小

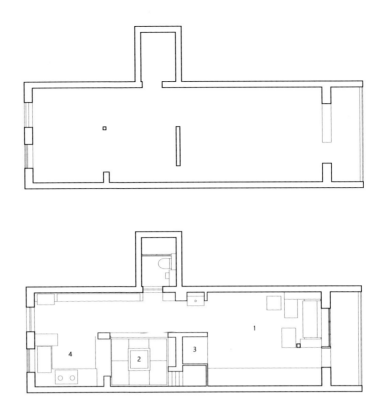

图1："树塔居"改造前后平面图
1 起居室 / 2 卧室 / 3 储藏 / 4 餐厅

图2: 空间关系轴测图

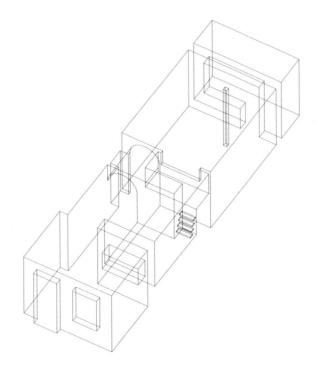

065

学时光。小学之后怎么办？目前还不知道，但6年时间足够想清楚。不能因为明天的变动打破今日的完整，每天都要像永久，日子才不会太过临时。

这个小床，模型做完后给女儿看，女儿说我要粉红色。助手疑惑地问，这样真的可以吗？最后果然应甲方要求刷成粉红色。晚上灯光亮起，这里成了最神秘的角落。小床从炕上进入，角端留了50厘米缝隙，塞进一个小木头楼梯。小孩子爬上爬下，开心得不得了。楼梯可以取下来，下面的空间正好存放大大小小的旅行箱。

这样一个大家具，藏进去两个大柜、一个小储藏间和一张小床。它又向走道延伸，化实为虚，成为一个拱。侧壁剖开60厘米，塞进一个洗手盆。这是一个有趣的空间转换，让大家具侧出一臂，不再是一个笨笨的立方体。小床沿长边，一侧是小木楼梯，另一侧只有栏板，

两边都通透。大家具植入室内，与厨房的送餐洞口一起，让一口气保持贯通，视线纵不能穿越，感觉上却是连续的。夜晚站在阳台回望，看见小床的一角透露出厨房的灯光。

户型中拦腰塞入这个大家具之后，常规功能房间的感觉消失了，两张床都被它裹进去，变成连续室内场景的一部分。这样，里面12平方米的空间，就空了出来，成为会客室兼书房。这个房间明亮、完整，在一个30多平的房子里几乎是难以想象的。能够让出这么大一块空地，都是大家具的功劳。

会客区其实也有一个似有若无的空间整合。整个阳台门连窗都以同一个实木框框定，加上侧面的书架和独立木柱，共同限定了一个两米见方的客厅区域。亚麻地毯、对侧开架和局域照明都让领域感进一步得到强

化。这是一个可以进入的窗，一进家门，穿过长长的走廊，透过饱满的圆拱，瞥见的就是这个暖黄色的角落。晨昏之际，窗外天色幽蓝，气氛最为独特。

衣柜旁边 4 米的连续壁面，做了一个完整挑出的书桌。进深 55 厘米，一家三口的日常工作都可胜任。为了与会客区加以区分，这边台面高度 80 厘米，坐高 46 厘米，会客区则特意降低了高度，坐高 40 厘米左右。整体下坠，让层高较低的房间略显宽敞。

阳台不设门，是一个带厚度的实木洞口，整个房间内部只有卫生间设一道毛玻璃门。这扇门嵌入的地方，就是那道加厚了 25 厘米的连续墙面。它从主入口左手边开始，通过厨房、餐桌、炕、拱门、书桌，截止于会客区的壁架，自己也演变成多种形式，有开架、连续壁面、凹龛、拱门垂壁、洗手盆位、短墙、局部吊顶和壁架，仅在上部保持连续，内嵌新风系统风管，让设备的存在难以察觉。

这些或大或小的植入体，使内向的空间操作是建筑化而不是装饰性的。它们就像框子和抽屉，将全尺寸的洗衣机、干衣机、双门冰箱、洗碗机、烤箱、新风系统等电器和琐碎的室内功能收纳起来，做到了干湿三分离，还有一个夏日里中意的小小吊扇。没有将大家具内部全部掏空，免得吃相太难看了。

### 3. 物各有位

马赛公寓的单人客房小得可怜，非常不便。床头手套箱却是个例外。它有床头柜的功用而无床头柜的凌乱，作为一个内凹的龛，在立面中消化了睡前醒后的基本生活需求。我把它抄过来。会客区也是平时看书喝茶的地方，书架上是眼前用得着的书，茶几上是应季更换的花。吸取以往生活的教训，不留很多纸质书，多买电子书，让生活去肉身化。旅途中搜集了少许质地美好的花器、容器和雕塑，也都搁在这里。书桌上与会客区对位的角落，是小孩子学写字的地方，有一些文房器玩和一幅画。小床下方、柜子下面的搁架上是女儿的小玩具和手工艺品，占据了一个小角落。拱底下、洗手盘旁边，有一个小小的龛，里面放着象征家庭生活的小玩偶。卫生间门旁边的墙洞，本来打算放咖啡机，后来放了茶壶。厨房正对的两条长长的壁架上都是各处淘来的杯杯罐罐，饮茶饮酒饮水的都有。这些开架摆放的器物，常用且兼具形制之美。摆放的过程，其实也是一个设计过程，一位朋友说开架上展开一座小小的城市立面，一个材料、质感和造型的生态群落。房间总体上是疏朗的，尽在这一处琳琅满目，也只是框框里的恣意蓬勃。随着物品和书籍不断更换，室内保持一种视觉上的新陈代谢。

文丘里针对密斯的"少即是多"，抬杠般提出"少即无聊"。其实少和多并非绝对，关键看有效空间信息密度的大小，如果密度足够，再多就是多余；如果信息无效，即使大量堆砌也无意义。在一个匀质的大空间中，功能决定了物品的位置，物品定义了空间的属性，分化成各个角落，气氛和质感各不相同。这是一种匀质中的非匀质，空旷中的紧密。拉图雷特修道院的僧侣房，因使用需求而压缩到极限，空间也相应缩减到极致，却并未丧失物质性。日常生活与博物馆的区别，在于日常物品必须是有用的、有位的，这个用途不是为了看，这个位置也不是为了好看、方便查找或符合某种科学次序，而是为了好用。

反过来说，只有好用才真正是好看，用途为位置提供了理由。这并不是功能至上的态度，因为单有用途是远远不够的。一个反例就是可变性，那种能够变成书桌的餐柜或收进墙身的床铺，带来的麻烦比便利还多。客观来说，为每个功能提供一个单独的形式，既不必要、也不可能，要求所有的位置都有特定的功能、容纳特定的物品，也是强迫思维。家庭氛围在"有道理"和"随意"之间建立一种平衡，任何特定的单一目的

图7: 拱门下的盥洗区和卫生间门 ∧
图8: 从炕间看会客区 ＞

都不是终极目的。同样的道理也适用于人，人是房间里一件活动的物品，不同时段从事不同的活动，出现在不同的位置。榻上饮茶、灯下读书都很美；不饮茶、不读书，设置这样的角落就毫无价值。家居生活有条有理，在于清楚了解自己的需求，在此基础上设定用途和场景，为每一件事物找到合适的位置，不管是一台吸尘器，还是一个昏昏欲睡的人，只要有机会出现在场景里，就必有一个合适的位置来安放，物品在房间里就不会"碍眼"。这样，空间、物品和使用者才能融为一体，不再是一个干巴巴、仅供拍照的抽象盒子。家与博物馆的区别就好比文学作品和百科全书的区别，然而博物馆做好了也可以不像百科全书，就是斯卡帕的古堡博物馆。

入口左手边那道 25 厘米的厚墙靠近卫生间门的位置，上方有个配电箱，为此做了个方形的洞。空在那里不是办法，堵起来不合规范。想了好久，放进去一棵景松，豆绿的瓷盆。房子做好了，家里的物品需要长时间的调配才得妥帖，就像园子要用树木花草、藤蔓苔藓来滋养，慢慢洗掉燥气。为空空的架子选择合适物品，进行合理搭配、选择合适位置，是人与环境互相驯化的必要过程。

## 4. 坐姿站姿

炕的一边通过洞口与厨房相连。洞口下架一块木板，当作餐桌和厨房休息位，应付三个人的早餐绰绰有余。这个洞口，既消除了空间分隔，又很像小时候火炕和厨房间的传菜小窗口。一切都有遥远生活的印记。三面围合的炕形成一个小凹龛，这是一个非常独特的家庭生活领域。而在白天，被褥收进炕柜，放上托人从日本搜来的酸枝老炕桌，就成了一个茶室，规规整整，清清静静。

炕上铺的还是日式榻榻米，而不是老式的苇席。苇席

很好，但与床箱不配，掀床板麻烦得很。北方的炕与和式榻榻米的区别，在于炕提供了一个垂足坐与席地坐结合的空间，它不是完全意义上的复古的生活方式。四个人吃饭，靠外的两个人坐在炕沿上，扭着身子端饭碗，这个姿势不是从小就习惯的话很难将息。这样有一个好处：有炕的房间依然是高坐具的现代房间，而与南方用床的房间保持基本格调的一致。这样，在生活方式上，中国并没有割裂为一个席地而坐的北方和一个使用高坐具的南方。日本住宅的现代化过程中引入西式房间，和式榻榻米房退为卧室，接管了传统与仪式功能。火炕并未有此深意，家人脱鞋上炕，是为了吃饭睡觉；外人脱鞋上炕，是主人表示热络。炕上有炕柜，窗上有窗花，梁下有搁板，场景是世俗的、功能的。

因为这铺炕，家里人有了坐与站两种不同的生活方式。炕确实改变了生活习惯。一家人经常围绕炕来展开各种活动，小孩子在炕桌上写作业、做手工，吃饭聊天更是围绕这个 4 平方的小空间展开。炕真是家庭生活中的优质空间，它提供了一个核心。早先炕上的取暖神器放在被子里，《红楼梦》里叫做"汤婆子"，和炕桌上的火盆、薰笼，共同组成了一个温暖的小宇宙，是东方世界的"壁炉"。众人围坐向火，坐姿带来的亲密感，不是穿着鞋子走来走去可以比拟的。

另外，取坐姿意味着机动性降低，东西须在手边。榻榻米房间的一个缺点是东西与人共面，常常无处可放，只能藏进宽大的壁橱。因此，中村好文说，榻榻米房间哪里都待不下。相比之下，传统日本房子里最生活化、最反仪式的倒是纯功能性的"土间"。以炕为中心的北方居室，大体上还是个垂足坐模式，可以看作几种不同居住文化的融合。小时候的居室，家家户户都是一间半，合 40 平方不到，因为有炕，生活饶有滋味。这种跨越了不同时代和不同文化的房间，格局丰富紧凑、平实亲切，是否可以回到当代的中国家庭呢？

## 5. 宅亦是园

如果不去故意将园林神秘化，我觉得很多现代建筑具备园林的特点。园林的核心问题在"景"，没有"景"就不成园林。可是也有造景失败的园子，也有造景成功的现代建筑。在我看来，好建筑与好园林之间的共性，大于和坏建筑之间的共性。它们使用的形式语言虽然不同，却都是在经营人工环境、创造场景氛围、完成环境叙事。作为一种内向的空间操作，园林调用了多种不同的形式语言系统，创造了无比丰富的层次。

在满是雾霾、窗外看不见风景的城市里，一个 30 平方米的小屋子，如何让它处处是景？唯一的办法，就是让空间语言保持有效、流畅，自己成为自己的"景"。比如那个门洞，它厚墩墩的，像乡土中国常见的门楼，穿过去就进入另一个世界。窗边的会客区就是一个用心经营的角落，它与周边并未分隔，但有自己的范围和质感，只有从这个门洞望进去，才更像是一方天地。同样的道理，在园林中，窗和门洞的设置也不能是随意的，一些看似随机的处理，其实都有深意。住宅楼是外廊式，狭窄的走道里堆满了居民杂物，带有集体生活的印记。打开房门，里面是另一重光景。"园"的作用之一，就是制造幻觉。很多莫卧儿王朝的花园，都在市井，像梦境。

以这样的标准来看，历史上的建筑可以分为两类，一类关乎外向的造型问题，一类关乎内向的感知问题。无论是网师园、阿尔罕布拉宫、西塔里埃森还是巴拉干自宅，似乎都作用于错综的空间知觉和感官深度，而枯山水、太和殿、万神庙和帝国大厦是外在的、单向度的，即使同样有一个内部可以进入。具备前一种属性的空间建造庶几可称之为"园"，它向心而生，与名字中有没有"园"字无关，与古代现代、东方西方无关。"园"与"建筑"的根本区别，在于"园"在 VR 还没有被发明的时代，就开展了一种内向的三维视野，在此基础上进化出切实的建造语言，与之相比，现代建筑学的世界观基本上是外向扁平的。

在所有人造环境中，只有具备了"园"的特质，才能打动人心。内向视野对应着三维的物质世界，建立在正投影法之上的现代建筑学更像是降维了的数学记号。记号是为了方便，不是目的。我们建造空间、经营氛围，为了什么？我认为是通过有效提升空间信息的密度和质量，来延伸人的物质身体和感官知觉，当"透明性""现代感""抽象形式""材料质感""手工特征""精密度"等概念服务于这个目的，都可以是好的，否则都会成为无意义的盲目重复。自然村落和历史城区，也因为具备这样的特征而打动人，并不因为它们得到自然或历史的额外加持。

与其他建筑类型相比，私人住宅似乎都要更玲珑、更具体，有更多身体性、更多情感注入其中。当我们去世界各地寻访昔日名作时，是否意识到，近半个世纪的重要建筑名录中已经鲜少私宅的身影。这不禁让我想到海边小屋里那张充满质感的木桌、费舍家那个温柔的角窗，和流水别墅中微微闪光的青石板，想到那些已经功成名遂却依然醉心于小房子的设计师，他们是真正懂得建筑的终极问题蕴藏在小小的居室空间里。

树塔居
Tree and Tower House

小山宅 | 李先生家
Small Hill House: Mr. Li's Home

舱宅 | 毛女士家
Cabin House: Ms. Mao's Home

小大宅 | 李医生家
Scale House: Dr. Li's Home

大山宅 | 张女士家
Mountain House: Mrs. Zhang's Home

卤宅 | 张女士家
Chimney House: Ms. Zhang's Home

棱镜宅 | 翟女士家
Prism House: Ms. Zhai's Home

三一宅 | F 先生家
Triplet House: Mr. F's Home

六边庭 | 禾苗展厅及办公空间
Hexagonal Court: Homerus Shop & Office

高低宅 | 高老师家 Ⅱ
Step House: Prof. Gao's Home Ⅱ

卍字寓所
卍 House

舷宅 | 张先生家
Sailor House: Mr. Zhang's Home

九间院宅
9-room House with Yard

北京房子
Beijing Houses

叠宅 | 高老师家 Ⅰ

Folding House: Prof. Gao's Home Ⅰ

## 1. 一日之内

2018 年，我和高老师都在美国，我在波士顿，她在匹兹堡。高老师和男友朱先生去纽约，我带着红酒造访他们的短租公寓，朱先生变戏法一样变出满满一桌圣诞大餐。5 月，高老师带小孩子来波士顿玩，风雪季刚过，在查尔斯河边散步，河上浓云滚滚。

高老师喜欢其在匹兹堡的公寓，阁室美壁橱和自动干衣机，多余的装饰一概没有。一方面，我们都是实用主义者，不喜欢过多的摆设，怕放久了碍眼；另一方面，风格化的简约、克制，如素混凝土墙面，总显得冰冷做作，不宜于家室。

人们从影视剧里了解美国人的生活，家居行业有个专用的词："美式乡村风"，同北欧简约风、日式小清新一道，将异域生活固化为一幅图像。当人们准备拥有一个属于自己的家的时候，首先是对号入座，把想象力放进饼干模具，烤出来几个固定的样子。我曾去参观一个知名企业家的豪宅，地下室是新中式、第一层是欧式、第二层是日式……以为误入建材城的样板间。中国人的家庭正在变成想象异域的场所。

隈研吾在《十宅论》里把日本人的家居环境分门别类地调侃一番，然后严肃地提了个问题：属于日本家庭的"场所"到底是什么？移植到中国，问题变成：属于中国家庭的"场所"是什么？将一个时代、一个人群的生活与想象，变成四面墙壁和家具陈设，让人一眼就看到独特的气息，这件事接近于去创造一种"文化"，说起来都让人觉得难为情。

其实设计师的任务很简单。每个住宅都该去满足住在里面的人。既然人是不一样的，家就应该是多种多样的。问题是很多人都未曾认真审视自己，否则怎会把生活轻易地装在模子里？开始设计之前，我给高老师出题：请把你的生活浓缩为完整的一天，从起床到入睡，每

个细节，都仔仔细细地写下来。几天后，高老师给了我一篇《我们家里的日常》，有 4000 多字，是我收到的最细致、最全面的任务书，从这些文字后面看得到一个用心生活的人，和她的思考与感触。住宅设计小得不能再小，因能看到具体的"人"，而显得实实在在的。我觉得，一日之内的饮食起居都不能理得清清楚楚的人是没有资格谈生活的。

## 2. 一室之隔

所有设计条件中最敏感的一个，就是业主微妙地平衡各方的感受。最主要的考虑，就是要兼顾朱先生的一对儿女寒暑假会短暂来住。再加上高老师的女儿，这个"两口"之家，时而会变成三口之家，甚至是五口之家。高老师希望孩子们都有相对独立的空间，但又不想舍弃期待的功能。这是第一个矛盾。

高老师希望一进门就是宽敞明亮的开放式厨房，家务活动围绕中岛操作台展开，这里也是家庭休闲和会客的场所。中岛上有烟机和电磁炉，吊架上有好看的锅具，有红酒杯，可以聊天、吃火锅。高老师喜欢简单的食物：原味的、清水煮的、煎烤的；朱先生厨艺超凡，标准中式做法，大烟大火，需要全封闭的厨房。这是第二个矛盾。

拿到钥匙的时候，房子是毛坯房，常规的三室一厅格局，南北通透。按照开放式厨房的思路，整体上应以自由布局为佳。但高老师在任务书中说："两个人的日子，终归要有约束，如能兼顾到自由和约束，最好。"业主是个家庭生活的政治家，她的命题关乎人性，也关乎相处之道。我对此深表认同，但如何协调自由空间和私密空间的关系？这是第三个矛盾。

三个矛盾，都仰仗弹性的空间组织，需要弹性的方案来解决。出于对"多功能房间"的怀疑，我依然将主

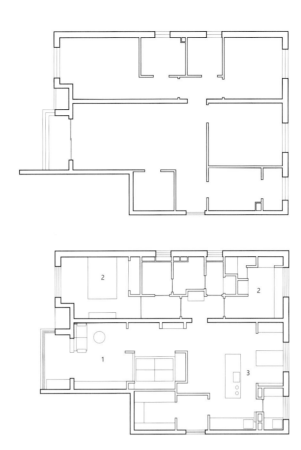

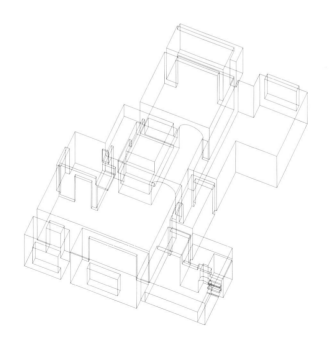

要功能划分归类，为不能迁就的功能单独分配领域，再把灵活弹性的部分叠合在一起，在一个连续的大空间中划分出很多方向、功能和气质都相当不同的小局部。高老师认可这样的处理方式，但在开荒那一天，她跟我打趣道："保洁阿姨说我家是4室3厅2卫。"大空间就这样被拆散成小尺度的功能区。

但是，这些功能区在感觉上还是彼此连通。不可封闭的门洞，和一些可以相互窥视的窗洞，让不同区域间的信息保持畅通，空间连续变换，显得有趣。比如坐在阳台的吧台高凳上，眼前是方形的书房空间，透过深深的拱形门洞，看得见厨房的中岛，和中岛后面绿色墙面的小餐厅。再往前，是餐厅窗外的远景。拱门旁边，透过书桌上的洞口，可以瞥见茶室和上面的阁楼小床，让有限的空间多了些视觉层次。

最初的方案，北侧是敞亮的大厨房，围绕中岛一圈操作台。但若是这样，中厨操作区也就暴露在外，无论多强悍的排风设施都不能解决油烟问题。这时候再去坚持"必须有一个大厨房"的想法是不切实际的，不如隔出一个小的中厨操作区。利用这道划分线，不仅隔出一个餐厅，还利用纵横的假墙塞进去燃气热水器、中厨洗涤区、咖啡操作台和微波炉。平日里，中厨的使用效率极高，中岛则承担起了"家庭活动中心"的任务，让厨房成为"家庭室"。相对独立的餐厅区靠窗而设，为了突出它的领域感，朝中岛方向做了一个弧形的洞口，施工过半感觉不舒服，又包了实木套，改成方洞口。这个门洞上方，工作室的小朋友们手工做了个两米长的钢框架灯笼，糊上日本和纸，平衡过于强烈的室外光线。餐桌也是定制的，使用不锈钢框架和胡桃木桌面，两边分别有茶具陈列架、咖啡操作台、恒温酒柜和餐具柜。这里不仅是全家就餐的区域，也可临时充当煮茶和煮咖啡的会客区。做好之后，这里成了高老师最喜爱的工作间。

原本相邻的两个卫生间大而无当，却没有预留合理的

淋浴间位置。按照业主的要求，规划出独立的浴室，有宽大的浴缸。次卫的洗手盆移到走廊，实现了彻底的干湿分离。次卫因少有人来，还分配了洗衣间的功能。主卧卫生间空间宽裕，有长长的盥洗台，高老师的瓶瓶罐罐一字排开，像列兵等待检阅。

书房和家庭室通过拱廊连着，却是两个相对独立的区域。两个人的时候，可以同时在书房写东西，可以分别在餐厅和书房弄电脑，可以在茶室的榻上读书喝茶，也可以临时占据女孩房间的台面，完全做到互不打扰。通过分隔，房子里出现了很多尽端式的"去处"，让小家更有"漫游感"，灵活自由的同时，不再是"一览无余"，一定程度上保证了私密性。

## 3. 上下之间

除主卧外，还要为小朋友们准备三张独立的小床，和相对独立的寝卧空间。我想，为每人辟出一个房间，面积小、效率低，成本高。不如根据实际情况，将两个使用频率较低的小床整合在一起，成为一个空间尺度的"大家具"。这种做法，与我设计自家的思路是一致的，大家具有多重空间含义，功能上则承接了枢纽作用。

高老师家的这个枢纽空间要复杂得多，它连通了居室的四个区域，本身也包含上中下三个层次。原来的套型，入口没有玄关，左手边是一个衣帽间。现在衣帽间保留，加了一道隔墙，从右手边进入家庭室，这样就出现了玄关。小床就架在这道隔墙上方，与衣帽间对齐，从家庭室进入，向玄关打开一个角部，向衣帽间悬挑的部分，下方嵌入一组衣柜；向起居室悬挑的部分，正好成为茶室的"阁楼"。茶室的位置在平面正中，相当于往水流中摆了一块石头。但这块石头上有很多孔窍，空间的水流在这里受到阻碍，改变了方向。这种受控的流动，在我看来比无碍的流动更有趣。

图 3: 从书房透过拱顶看开放式厨房 ≪

图 4: 从卧室走廊看开放式厨房 ∧
图 5: 从开放式厨房透过拱顶看书房 ＞

茶室是个炕间，高老师跟我一样是东北人。小床悬在炕的上方，给这个小空间带来一抹绿意。下面凹入的部分，有点像书院造的"床之间"，宜于置放文雅的陈设。右侧与书房通过吊柜下面的书桌相连，左边则是一个可以坐人的凹龛，与家庭室之间，是带窗棂的半透明玻璃窗扇，跟家庭室的独立木柱和上下小床的爬梯组合在一起，也是在塑造室外气氛。北侧封闭窗扇的处理，让茶室与南侧书房的关系更加密切，属于家庭中较为"私密"的部分。炕体主材使用胡桃木，脚踏板用榆木。从炕上下来，就是连接书房和家庭室的过道，被筒形拱覆盖。脚踏板正上方设竹帘，小朋友假期来的时候，一个睡在夹层的小床上，一个睡炕上，竹帘放下来，成为临时性的卧室。

茶室塞在房间正中央，传统意义上以客厅为中心的居室格局瓦解了。这个项目继续探讨"以炕为中心的居室空间"，以及直立和坐卧相结合的活动模式。高老师在任务书里说："我们不需要传统意义上的客厅，不需要大沙发。简单的皮沙发、皮和木的椅子有几把就好，小小的桌面，或高或低，能放个随手物品。并不在这里喝茶和会客。"大客厅和大沙发意味着家庭的主要功能是"休闲娱乐中心"，家庭生活围绕电视机展开。电视机在 20 世纪 60 年代逐渐进入家庭，成为主要的信息媒介。如今，它的核心作用正在逐渐被网络和便携移动终端所取代。一家人围在一起看电视的情形，在很多家庭中已经不复存在。作为核心的起居室空间，其功能和形态也必须作出调整，以适应生活模式上的新变化。

茶室适合两人对坐，面朝的方向，拱顶下侧壁加厚，嵌入百宝格书架。南侧靠近客厅的部分，是女孩的立式钢琴。空间得到了最大化的利用。这个小小的区域，占据核心位置，却是过渡空间，从下到上有三重高度，盘活了整个居室，较上一个设计中的"大家具"更为剔透。它的作用，很好地完成了高老师的计划："可以窝着看看书，或者围坐热一壶黄酒，或者两人对坐喝喝茶，也作为待客区之一。"

经常回家的女孩有独立的卧室。床铺也采用架空的方式，下面的空间一分为二，西侧按照小甲方的要求，做了个可以蜷在里面看书的"密室"，东侧又一分为二，南侧让给洗衣房，北侧是小孩子的储物柜。床头朝向门口的墙壁上，装了个太空舱一样的"泡泡"，孩子爬到高处，从中向下窥视，应该觉得好玩。

通过一系列水平和垂直方向上的"分隔"，空间多出了许多"褶子"，家庭的基本功能分布在褶子的实体部分，余下层层套叠的空间，在视觉上创造了很多远近上下，将房间的物理尺寸延长，好像旅行之前，把衣服叠好塞进旅行箱。无论去多远的地方旅行，我都只带一个小登机箱，它的容纳潜力似乎是无穷的。家庭生活的功能和细节，也可以理清楚、叠整齐，这样空出来的部分，正是家庭空间中有意的留白。

## 4. 身外之物

像很多女主人一样，高老师也积攒了大量私人物品，比如："我有大量的衣物，需要悬挂的长裙和大衣也很多，朱先生也有若干套西装和风衣需要悬挂，需要叠放的运动衣、休闲衣裤也很多。包包日常放着的大概十几个，鞋子的数量我是数不清的。鞋子大部分为女士的那种只需窄小空间的鞋子，另有一些徒步鞋，短腰靴子，长靴有个四五双，短腰的棉靴三四双。朱先生的鞋子少很多，不过在男士中也算不少了。这些东西要怎么存放才可以方便，我一直梦想可以不用四季地倒腾。也一直希望每日搭配的时候，可以轻易看到和拿到想要的物件。另外，我有很多条丝巾、围巾，朱先生有不少领带和皮带。然而，我却矛盾地不喜欢物品拥塞的感觉，一件件一双双中间必得有空隙，有疏离感。"

劝业主把这些统统扔掉是很不礼貌的，虽然我很想这么做。因此要想个办法，让它们各就其位。市面上近

来流行日本家庭收纳秘籍，我看了看，并不实用，感觉是强迫症搞出来的东西。收纳这件事，过度了也是执念。东西多少才合适？我认为同家庭收纳空间相匹配，就刚刚好。物品的多少，同生活的满足感无关，过多的储备反而会造成精神上的堵车。因此，我没有给高老师的衣帽间设计太多的储物格，免得打开柜门的瞬间被喷薄而出的东西吓到。储物柜和大衣柜出现在应该出现的地方，比如小床下有放书包的柜子，书

桌上有放文具的置物架，炕上有放被褥的炕柜。

入口玄关那里，用了尽量接近室外环境、略显粗朴的红色地砖。我希望从外到内，有一个心理上的过渡。正上方的白色毛玻璃后面是一个内嵌的反射灯，发出柔和的中性光，将玄关照亮。这盏灯的另外三面朝向家庭室，与餐厅门洞上方的和纸灯笼一道，成为公共区域的主要人工光源。从玄关还能看见小床的一角，

不同的空间通过洞口和明暗变化叠合在一起。餐厅、小床、走廊、洗手盆等独立的小空间，可以换一种颜色。问高老师，她希望是一种绿色。在美国的时候，她在我的推荐下去看了赖特的橡树园自宅，很喜欢墙壁的颜色。我找了一些照片，还有书本和网上的图片，都是不一样的绿色。而且，即使我们确定了色号，也无法找到对应的涂料。我就按照我对高老师的理解，选了一种更柔和的绿色。白色、绿色和原木色，这就是

高老师的颜色。住进新家半年之后，高老师给我发来一张照片，是餐桌上的一杯咖啡，跟着一句留言："清早起来，家里安静清爽如是。"我想，这大概是对设计师的含蓄鼓励吧。高老师能否代表大多数业主呢？像这样对居室空间丝毫不能迁就，很多人会不以为然。高老师做事干净利落，从不拖泥带水；又总能从从容容的，有一份闲心，能听见天籁。其实每个人都渴望用这样一份"闲心"来生活，只是不敢或不愿面对罢了。

树塔居
Tree and Tower House

小山宅｜李先生家
Small Hill House: Mr. Li's Home

舱宅｜毛女士家
Cabin House: Ms. Mao's Home

叠宅｜高老师家Ⅰ
Folding House: Prof. Gao's Home Ⅰ

大山宅｜张女士家
Mountain House: Mrs. Zhang's Home

卤宅｜张女士家
Chimney House: Ms. Zhang's Home

三一宅｜F 先生家
Triplet House: Mr. F's Home

六边庭｜禾苗展厅及办公空间
Hexagonal Court: Homerus Shop & Office

棱镜宅｜翟女士家
Prism House: Ms. Zhai's Home

卍字寓所
卍 House

舷宅｜张先生家
Sailor House: Mr. Zhang's Home

高低宅｜高老师家Ⅱ
Step House: Prof. Gao's Home Ⅱ

九间院宅
9-room House with Yard

北京房子
Beijing Houses

# 小大宅 | 李医生家

Scale House: Dr. Li's Home

# 1. 牙

李医生是牙医，做牙体综合修复，经常熬夜做牙模。我说，牙模是非线性的三维形态，比建筑模型难。治牙是手艺活，需要精密的空间思维和灵巧的双手，成就高低取决于"经验"而不是"计算"，同建筑师是一样的。李医生深以为然，她帮我治牙，让我帮她设计她的家。

房子在北京二环边上的老旧社区，入口是个小黑厅，经过一段没有采光的走廊，朝南是一个挺大的客厅。走廊两边长而窄，分别是厨房和卫生间，都没有采光。朝北并排两个宽度不足 2.4 米的卧室，都无法以常规方式摆床，进里间需要穿越外间。房子使用经年，昏暗陈旧，管线混乱，问题多多。房子住久了，就跟人的牙齿一样，出现各种各样的问题，需要耐心排查，一一解决。砖结构改造余地不大，厨房和卫生间卡在中间，打开成为开放空间的潜力不足。考虑做成开放式厨房，奈何煤气管和烟道两头不靠边，只得作罢。我跟李医生说，你不妨把这条小走廊两边的功能房间看成两排牙齿。拿卫生间来说，原来进去之后还要左拐右拐，局促不堪，不如把功能一字排开，全部面朝走廊。走廊不再是单纯的过道，厨房和盥洗空间内部的交通面积也可以省下来。这样一来，旧格局无需做大的调整，省时省力。

接下来，两个穿套的卧室该如何解决？正好这个房子严重缺乏储物空间。如果在第一个卧室门口划出一块，做一个大壁橱，剩余的部分刚好成为一个可以进入"床"——榻榻米房间。这样两个卧室就不再穿套，入口处则出现了一个可以通行的"衣帽间"。把走道变成功能房间的一部分，同厨卫区的思路是一样的。在小房子里，不得不最大化地利用每一寸面积。

最里间是主卧，放下一张大床就只剩 20 厘米宽的走道，行不通。主人不希望两个房间都是炕。唯一的办法是做地台，把床垫直接搁在上面。房间有足够的长度去划分出一个地台，剩余的部分，用一道假墙分隔开来，在不同的高度上，朝里朝外分别嵌入床头柜、书架和梳妆柜，还把空调塞到了洞口上方。这样空调就不会直接对着床吹，体感舒适多了。这道分隔墙让"床"的区域单独出来，有点像进入式的"拔步床"，外边自然出现了一个"书房"，有宽大的书桌，女主人也可以在这里梳妆。

拔步床的意思是一个功能对应一个空间。中国古代的居室，多为框架结构下的匀质空间，靠家具来做屏障，久而久之，家具就空间化了。同样的木结构到了日本，却发展出相反的倾向，是空间的家具化，整个房子就是一张大床。只有在中国传统的居室格局中，才能发展出《韩熙载夜宴图》那样的电影分镜头场景。房子里有很多孔窍，建筑的界面是隐形的，只是给"家具空间"提供背景，层次非常丰富。那是我一直神往的。现当代的居室布局，一个房间对应一个或一个以上的功能。面积大则浪费，面积小则必须一室多用。客厅里摆一张床、餐厅里放一台洗衣机、阳台上搁一个电脑桌。这样的做法混淆了不同空间的等级，伤害了生活的仪式感。因为场所混淆、内外无分，举手投足随随便便，人就不会很体面。我主观地认为，大部分人的不体面同日常仪式感的缺乏有直接关系。生活没有细节，城市不能掰开来细看，"住"的文化蒙尘很久了！

我更喜欢把功能一一单列出来，各自占据一个空间、创造一个角落、塑造一种氛围，无论多小，无论是不是闭合的，都有各自的色彩和光线。写字有写字的光，发呆有发呆的光，房间是被"行为"照亮的，人到哪里，双眼和双手所向，哪里就被一团光线笼罩。因此，全局照明是难以接受的。生活可以理解为若干个独立场景的集合。如果有哪个场景不能被主人的行为照亮，它就必然是多余的。家中有太多多余的桥段、涣散的场景，主人就不是一颗生活的心，对他来说，过日子就是装装样子。这跟那种把日子过得一团糟的，其实是一码事。

图1:"小大宅"改造前后平面图
1 起居室 / 2 卧室 / 3 餐厅 /4 茶室

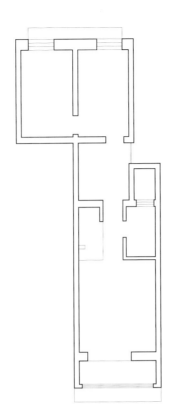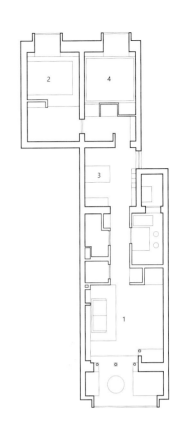

图2:"小大宅"空间关系轴测图

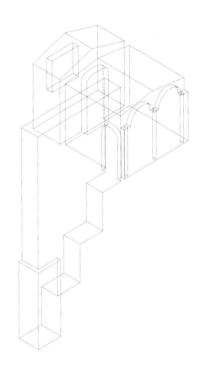

我想让李医生把她对生活的需求写一写，李医生答应了，过了几天，又很不好意思地告诉我，说她写不出来，并不是每个人都习惯用语言来描述生活。

## 2. 阳台

户型基本上是南北向线性的一条，缺乏东西向的纵深。4 米宽的阳台在房间最南端，一排平开窗，原来只是晾衣服的地方。而且，从主入口进来，向左边看，透过无光的小走廊，视线的尽端就是阳台。让它保留着纯功能性的面貌，在设计上是说不过去的。

因此要扩大这个阳台，使其形象更饱满，内容更充实，也让主入口的视线有个像模像样的收束。一般意义上，阳台是起居室的附属，有时候充当温室，有时候充当健身房，更多则只是临时的杂物间或晒衣场。为了把阳台从卑微的宿命中拯救出来，我用黑色花岗岩把它抬高两步，阳台窗向外挑出 50 厘米，与客厅相连处做了一道双拱门。阳台的空间一下子扩大了许多，变成了一个明亮的小房间。又在西南角做一个固定座位，对面一把躺椅，中间是小茶台，成为真正的"客厅"。最期待的情节，是主人拿本书蜷在这里，在秋天的阳光下昏昏欲睡，一下午也读不到两行。

为了强调这个房间的"家"的感觉，给它加上了双坡屋顶。没有什么类型学的深意，只是觉得这样有意思。靠近阳台拱门的东南角，是一个单人位书桌，除此之外，客厅里只有一张小沙发。客厅的"空"和阳台的"实"成了一对反转。同阳台的抛光花岗岩地面相应，房间其他部分的地面都用了看不出接缝的软木地板。因为房间格局的关系，怕太多的肌理和接缝强化壅塞的感觉。软木地板和花岗岩地面平滑延展，微微反射着明亮的室外光线，加上坡屋顶和柱廊的映衬，房间是暖意融融的。这也是最初设想的气氛和光泽。

## 3. 猫

李医生没有任务书但有猫，猫是最大的任务书。养猫的人家和不养猫的人家，本质上是不同的，不可相提并论。有了猫，家就不再单纯是"人"的居所，也是猫的地盘。猫喜欢爬高，喜欢来回冲刺，喜欢东躲西藏，喜欢磨爪子，喜欢窝在角落里睡觉。有了猫，人就不能把很多东西摆在外面，就需要给猫砂盆留出地方，还需要每日清理无尽的猫毛。猫毛的性格跟猫很像，时而粘软，时而飘忽，难描难画。本来打算把李医生家叫"猫"宅，转念一想，归根结底还是人的居所，不可过度抬高猫的地位，故曰"小大宅"。

"小大"两个字没有表面上看过去那么随意。因为，猫的宅和人的宅一小一大，是同构的。何以至此，要从入口的暗厅说起。

此厅没有直接采光，只从小走廊远远借来一丝客厅的光线，大白天都是黑乎乎的。显然这里适合做餐厅，旁边一个餐边柜，加一盏暖色的灯，用低矮的沙发座，对面墙上挂一个电视，光线幽暗，恰好可以造出咖啡厅般的气氛。然而李医生不喜欢低坐姿，也不想在吃饭的时候看电视。这样一面墙就空着，吃饭就是吃饭，很无聊。有一天在草图纸上瞎画的时候，我突然想，何不在墙上做一个猫窝？那道墙后面是本楼的排烟管井，黑暗逼仄。稍稍向外探出一点，利用墙壁的厚度，再向内加厚 25 厘米，一个别致的猫窝就实现了。猫的走道嵌在墙壁夹层中，猫从入户门旁边的豁口上下，方便主人回家的时候下来迎接。暖气和弱电也都留在这道假墙里，成为一个功能的盒子。这样，从外面无法知道猫是怎样到了那个一人多高的"私人套房"。

猫的房间该长什么样子呢？为了公平起见，不如同人的房间一样，做成一个缩尺的翻版客厅吧。好像从阳台往客厅里望过去的样子，也有一道拱廊，里面也是坡屋顶，还带一个里间和一扇窗，莫名幽深的样子。

房间漆成暖黄，和主人家一个调子。这样，李医生就有了个自家的小模型嵌在餐厅的空白墙壁上，它的高度略高于人眼，在暗调的房间中格外提神。

李医生非常担心猫咪不得其门而入，又怕太胖卡在中间。工程还没彻底清场，李医生就迫不及待地把猫咪派来了，而且还有一只新猫加入！由于猫咪与生俱来的好奇心，两只猫只用了一小会儿就发现了秘密通道，并成功登顶！

从此以后，猫咪只要有空就盘踞在猫窝里，从不轻易下来。每次从大门进入家中，往左一偏头，就看见一张猫脸在比人高的地方一闪，消失在墙后，又突然从脚边冒出来。吃饭的时候，猫咪们静静地卧在柱廊后面，向下监视主人的一举一动，非常安心。猫就喜欢呆在比人高的地方，我从一开始就知道。

给猫咪做了个窝，猫咪不下来，变成宅猫。猫咪没有开口，但用实际行动表扬了我。

## 4. 灰泥

最后是从餐厅到客厅那道走廊，如何破除它的昏暗与闭塞，成为一个有趣的空间？我想，房子已经如此戏剧性，索性再添一笔。为了强调不同区域的转场，我给它又安了一个拱顶。圆拱两侧压太低，向上收一收，成了巴瓦自宅那个不扁不圆的形状，刷上白涂料，有一种充盈的体量感，可似乎还少了点什么。

在最初的构想中，这道拱廊是亮晶晶的。从昏暗的餐厅看过去，不仅阳台是一个小小的异域，花岗岩地面和软木地板也都反射窗外的光线。不仅如此，这道拱廊作为景框，本身也是反光的，整体被室外光线染亮，白天是冷色的天光，夜晚是暖色的灯光。

该用什么工艺来实现呢？一直没有找到办法。五月份去穆钧老师的工作室喝茶，意外地在墙面上看到我想要的东西！记得上次见到是坎达拉玛入口的矮墙礅，被游客磨得发亮；再往前是在某个斯卡帕的房子里，不解地问讲解员，天花板那连续的反光表面，像大理石一样，是如何实现的。她用蹩脚的英文告诉我：stucco。

stucco 就是灰泥，小时候家里盖房子，外墙用石灰麻刀，表面用抹刀压光，摸上去坚硬平滑，却有一种特殊的手工感。意大利的工艺，使用极细颗粒度的粘土材料和特殊工艺，更多了一层天然材料的随机纹理，有大理石般的表面触觉。一直想把这个拿回来，未想在身边遇见。穆老师工作室墙壁上的抹灰，是日本匠人铃木的手笔。

施工开始之前，铃木通过远程遥控的方式，认真教我们做基层，来了之后却发现依然不达标，于是重新来过。铃木给这道小走廊抹灰，从备料到施工一共用了五天时间。第四天施工已经全部结束，第五天一早赶到场地，仔仔细细地把施工造成的混乱清理干净，转身就奔往机场。如何慎重对待材料、如何准确控制细节、如何保护施工现场，日本工匠给我们上了一课。铃木来的

时候是十一期间，晚上收工，看到共享单车觉得新鲜，一人刷开一辆，骑着到处跑，城市空旷，晚风清凉。铃木很开心，说劳务费不要，天天不重样吃吃喝喝就好，就这样解锁了中华料理的新功能。

施工中途，感觉入口右边塞进去的大壁橱把南北通透的格局给塞住了。于是在墙面上开了个洞，装上对开的折叠小窗扇，从里面榻榻米上看，是个小朋友的书桌。今后有了小朋友，可以在这里看书，顺便监视大人的一举一动（其实是大人监视小孩的一举一动）。

李医生家的改造工作是在严格控制造价的条件下完成的。因为受空间格局的限制，无法在视觉丰富性方面有更多选择，所以采用了线性的、场景化的处理方式。但是归根结底，依然是功能至上的设计思路，好用第一。通过墙体位置和空间道具的微调，为工作繁忙的高学历女青年和她的猫提供一个有趣又有质感的家（这样讲真的好意思吗），不同的区域之间还可互成对望，像个私人的小花园。经此过程，使之成为老旧社区里独一无二的"生活小舞台"。

棱镜宅｜翟女士家

Prism House: Ms. Zhai's Home

## 1. 极小止于至善

设计的问题，大有大的做法，小有小的意思。大与小，条件不同，"小"并没有先天的合理性，也不一定是"大"的基础。现代建筑师们之所以钟爱"极小化住宅空间"，很可能另有原因。于我而言，它更像是一种极限挑战：如何实现"麻雀虽小、五脏俱全"的同时，让居室里有风景，小而尽美。小到极处，纷飞的杂念、飘摇的浪漫，都没了容身之处，只剩下基本与实用。实用的美，是指用途本身即为美，无附丽之美。这时候，"美"就不再是装饰性的。"装饰即罪恶"，真要去理解，应为"实用乃善举"，至美就是至善。先保证实用，而后穷其变、尽其形。哪怕变着花样地臭美，亦可以不失其之为德，以实用故也。

翟女士是一位工程师，像千百个来京工作的年轻人一样，怀揣安居梦，首套房从小户型开始。房子是20世纪80年代的砖楼，外墙有400毫米厚。户型6m×5m，基本接近于正方，算上阳台，套内共29平方米，实在是极限数据。翟女士第一次给我打电话，非常不好意思，觉得房子这样小，预算这样少，不值得找人设计。但她是一个理想的甲方，认为生活中最重大的事情，就是拥有一个属于自己的美好的家，不厌其小，每天想着念着，成为生活的"锚"。这样的人生态度是值得尊重的。因此，我答应做这个设计。

即便是极小的空间设计，它所讨论的问题、所承载的思考，都可以不那么小。设计的意思，跟规模无关。

## 2. "共轭空间"和加尔维斯宅

方形的户型，沿进深方向正中一道隔墙，分成两个3m×5m的部分。主入口在左侧的北墙，进去是一个小黑厅，正对卫生间和厨房。隔墙上一个门洞，通往右侧的房间，既是客厅也是卧室。原主人为了分隔，

又在房间正中摆了一个大柜子，两边各一张大床。房子里拥塞不堪，主要功能区域有三个，其中两个没有自然采光。难以想象，在这样的场景里，生活是如何日复一日延续的。

通常的做法，房间越小越要打开分隔、砸墙，使各部分融为一体，尽量创造连续墙面，让室外光线尽可能照亮深处角落，消除拥塞感。然而假设房子里没有物品，连隔墙都没有，就是一个空空的房间，也才不到30平方米，无论如何不能制造出"大"的感觉。与其如此，不如顺势而为，雕琢空间，以小见大。

原来的格局不好，问题出在哪里？我看很简单，就是因为"隔"：前后割裂、左右分离、功能部分各自为政，不能连通。本来不大的户型被切割得四分五裂，不仅不透光、不透气，视线上更是彼此阻隔，小上加小，让人窒息。但套内就这么多面积，隔墙是承重墙，也不能全部砸掉，操作余地很小。一室多用又素为我所不喜。那么，可否让房间彼此相邻的部分融合在一起呢？这样每个房间都因为征用了其他房间的面积而扩容。这个交叠的部分，只有一个可能的位置，就是平面的正中。

柯林·罗在《透明性》中，讨论了"彼此交叠但又不互相破坏的情形"，认为是现代建筑师在立体主义绘画的启发下发展出的空间操作手段。他从分析绘画开始，延伸到建筑空间，但也正因为此，一直停留在"暗示的空间深度"的讨论，视角依然是扁平的。深度就是深度，何须暗示？谈"深度"的暗示，是把真实世界等同于二维图画了。如果这种交叠出现在真实的三维空间中，会是怎样的情形呢？

路易斯·巴拉干在1955年设计的加尔维斯住宅（Casa Galvez）的会客厅入口，有一处特别的细节。玄关通过一个洞口与会客厅相连，会客厅天花板高，玄关天花板低，高差刚好被入口落地大窗中部的横梃标记出来。

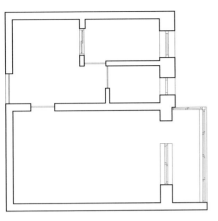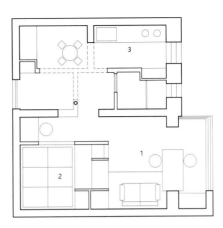

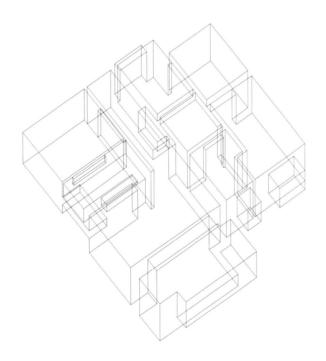

玄关地面是黑色火山岩，会客厅铺木地板，按常理，火山岩应该停止于洞口处，实际上却一直延伸到落地窗的竖梃处。竖梃的位置正对隔墙，铺进会客厅的深色地面，刚好对应着楼梯间的位置。这个空间的交接是矛盾的，故意不去遵守材料的形式逻辑，在归属上是暧昧的。会客厅、玄关和楼梯间在此相遇，形成一个三维空间的交叠，再通过窗梃的划分加以强调。

图 3: 从玄关看厨房、卫生间和客厅 ＜
图 4: 傍晚的起居区和麻布面的茶台 ＾

约瑟夫·阿尔伯斯（Josef Albers）在 20 世纪 40 年代做了一系列名为"结构星座"（Structural Constellations）的绘画作品，可以看作其纸面空间实验的一部分。其中最让我着迷的是 1943 年的"共轭"（Biconjugate）。"共轭"是一个数学概念。耕牛犁田的时候，背上的架子就叫"轭"。犁田一般是两头牛一起，"轭"能让两头牛齐步走，不至于各忙各的。"共轭"，通俗点说就是连体婴。阿尔伯斯的画，画的都是相互纽结的两组"共轭空间"，画法大体是轴测，但空间边界是纠缠不清的，尤其是两组空间相遇的地方，更是你中有我、我中有你。这种交叠甚至不是延长线上的相遇，而是 L 字形的互嵌，似乎洞口也随形体发生了转折，并互相套叠。两个相对独立的空间，就是"牛"；相互交叠的部分，就是"轭"。共轭空间就是连体空间。

阿尔伯斯夫妇自 20 世纪 30 年代起不停奔赴墨西哥，去发掘空间图示的奥秘。阿尔伯斯的"共轭"，莫非就是加尔维斯宅中三维套叠的抽象图示？无论如何，它教人在极小空间中如何腾挪转圜，塑造一个虚空的"棱镜"。2019 年 6 月的一个早上，我在工作室画了张草图。唯一的动作就是将分隔墙上那个连通左右房间的洞口扩大，再往南移动一米，使其位于房间的正中。它造出了以中央交通空间为"共轭"的一组"连体空间"，打通了户内两个对角线方向的视野，无论从哪个角度看过去，眼中之景都成为镜中之影。

## 3. 大家具和西厢记

这样房间就分布在四个象限里。第一象限是开放式厨房和封闭的卫生间；第二象限是由阳台和客厅共同组成的起居空间；第三象限是入口及餐厅；第四象限是充当卧室的炕间。

同之前几个设计一样，炕间是作为一个"大家具"来考虑的，大于家具而小于房间。在"小大宅（李医生家）"的设计中，我讨论了"空间家具化"的问题。在这个设计中，并没有足够的空间去安置其他"大家具"，炕间就成了唯一的一个。加上实体化处理的卫生间，在对角线上，是两实两虚的格局。炕间与客厅之间是加厚的隔墙，内嵌壁柜，向两个方向开口，上面依然藏着一个小床，是父母来访的时候翟女士临时的床铺。另外一个衣柜在阳台上。阳台打开，利用 400 毫米厚的窗下墙做了一张茶桌，朋友来了，可以围坐四周，成为一个多方向的聚会空间。小小的厨房功能齐全，门口有鞋柜，餐厅里还有一组吊柜，储物空间也很充足。作为一个单身女性的居所，它是相当称职的。其他如梳妆台、穿衣镜一应俱全。炕间占据一角，通过一个宽大的洞口进入。梳妆台就在洞口外侧，方向与炕间垂直。每一组相邻的功能，在方位上几乎都互相垂直布置，生活展开的时候，每一种行为都有确切的方位。闵齐伋版《西厢记》第十三"月下佳期"将房间隐去，在素白背景上描绘了一张带顶的檀床，四周以围屏做隔断，露出方形的宽大的洞口，屏风折开的部分自然外翻，其后可见桌案一角，方向与架子床垂直。屏风同时限定了两个空间。这是典型的"空间里的空间"，视野由内向外，一重又一重。炕间是一个小世界，它不像榻榻米房间那样必须自成一体，依然是连续室内场景的一部分，只是相对独立而已，靠一个大号洞口与外部声气相连。

画中的大床是建筑性的，它的结构和居室的大木作本质上是同构的，区别在于更精美的材料、更精细的工艺，再有就是向内表面展开的软装饰。我们首先看到，除了开口一侧，其他三面都有镂空的栏杆，这让床内的空间像个"亭子"；栏杆外有纱帐、棚架边缘有流苏、炕面有锦缎，比屏风又软了一层。大家具虽然像个建筑空间，本质上却是家具性质的。它那宜于体肤的内表面带来视觉上可见的"亲近感"，在狭小的房间之内，依然有着明确的方向、归属和等级。然而屏风可以不是屏风，如赖特自宅的餐厅，餐椅模仿麦金托什高高的椅背，围出一个与人等高的软隔断，又可以随时打开，加上餐桌上平面化的照明，真像一个若有若无的小房间。这就是就餐的仪式感，我怀疑像赖特这样的强迫症，会不会要求家人就餐时将椅背对齐。

与之相比，柯布自宅那样的总体设计，将家具、床铺看作建筑形体的自然延伸，必然引向软装的"建筑化"，实际上是对室内装饰级别的压缩。餐厅可以和浴室同一种质感，这让现代主义总有些许禁欲的味道。

## 4. "折窗"和留园鹤所

明话本的版画插图为了表现"情节"，经常把背景放置在居室园林；又为了表现人的表情动作，故意使用错位、掀开、反转、夸大等空间操作。书页尺幅又小，画面上满是场景局部，屋宇花园都不全，以各种方式向外翻卷，是"内向视野"的技术大放送。

闵齐伋版《西厢记》第十七"泥金报第"则把这种画法投射到屏风上。屏风两边是弯折的，但画中景物却不跟着弯折，屏风就不再是个绘画的界面，而成了通往平行世界的入口，一个会弯折的"景窗"，好像手机的"瀑布屏"。我们可以推断，屏风内的世界是三维展开的真实图景。而在"屏中世界"靠右的位置，另有一个三折的屏风，上面的山水却随着屏风弯折了，表明是二维的图画。两个屏风迥然有别：第二个只是普通的屏风，第一个却是隐形的空间交叠的深色边界——棱镜。

回到阿尔伯斯的 L 形的"共轭空间",假如棱镜自身就有一个三维的内向世界,那么我们透过棱镜看到的,到底是内部景物的渗漏,还是外部景物的折射?

设想空间中有看不见的"棱镜",用以描述它的抓手,就是那些交叠而成的界面上弯折的洞口。好比为了看见墙外的景物,我们要在墙上开窗,这个窗是二维的,窗外的景物是三维的。当这道墙本身就是三维的空间,那墙上的窗也相应获得深度,这个深度不是指窗框的厚度,因为厚度是实心的,可以塌缩到二维;三维的窗则永远有一个空的内部。

依然是赖特的橡树园自宅,入口处有一个凹入的"龛"空间,正面有门,两侧有窗,可以进入,但主要充当一个视觉枢纽。这是一百多年前的"棱镜空间",去掉那些带着威廉·莫里斯色彩的线脚和铭文,它无比纯粹,打通了起居室和餐厅的对角线视野,虽然只让出红杏一枝,却可唤起心头的春色满园。与前两个例子相比,赖特的棱镜更精巧,它的外壳都不是故意捏出来的,而是相邻空间交叠的自然结果,但依然比不上加尔维斯宅入口那样事如春梦了无痕。

在现实世界中,空间角点一般会有承重柱,就像莫勒

路斯的莫勒住宅中有相当直观的例子,让我们看到这个折窗"低配版"的样子。楼梯间通往主要层的最后一段得到了特殊的强调,梁与柱都演变为体和面,让这个小小的"盒子"现形。但这种处理还是太直白了。在留园鹤所,窗洞更大,并以青砖勾边,它就获得了"泥金报第"第一重屏风的含义,成为瞻望平行世界的洞口。共轭空间的外形并不可见,人在棱镜中。

宅或赖特自宅"共轭空间"的窗洞形式,是避让结构的结果。因此,它们只开在一个方向,依然是平面的。真正的"折窗"必须突破这个结构限制。而事实上,表达空间的相遇与交叠,不一定非要与结构完全吻合不可。结构只是形式的必要条件,我们尊重它,是想为形式赋予深层的合理性,却不能将此"合理性"视作意图本身,从而伤害了空间的表达。

在翟女士家入口右手边，通往起居室的洞口处，我添了一根圆柱。它的表层功能是限定和引导，深层功能是充当棱镜的边。故而，它的位置暧昧，不在墙面洞口边缘，而在莫须有的空间转折处。由于它的存在，一组连续延展的、看不见的棱镜空间，以洞口上下边缘隔空对位、时断时连的深色勾边反复提示，内外交错，让小空间释放出无限深度。世界成为镜中世界，人也成了镜中人。

Step House: Prof. Gao's Home Ⅱ

高老师女儿大了，要送到寄宿学校，却又不希望她寄宿，于是就近买了个小房子，方便每日接送。社区环境很好，整洁有序，绿意融融。房子位于板式高层的顶楼，是典型的商住小户型，没有通燃气。旅馆一样的大单间，建筑面积 39.8 平方米，实际使用面积 30 平方左右，面宽不足 4 米，进深接近 8 米，唯一的大窗户朝南。房间原来是精装修，住户是租房客，没有对格局做任何改动。一进门是宽大的内廊，大而无当的卫生间，开放式厨房，地中央摆着一张大床，空间既不紧凑也不美观。看得出，无论是主人还是租户，都没有考虑过在这样的狭小空间中如何安排生活。

高老师依然希望这个房子是与众不同的，同时也非常好用。开始只是帮忙出出主意，等方案出来，她和先生都挺喜欢，于是又变成了委托。高老师希望把郊区的居所当作固定的家，这边只是临时居所。我跟她说，这边一周至少待 5 个白天和 4 个晚上，太临时就不好了。高老师一边说希望节省一点，改造的时候动作"轻"一点，一边在内心里也不能接受太临时的方式。对于不懂将就的人来说，无论何时何事，都是不能将就的。但是预算依旧严格，卡在一条线上。极小户型，麻雀虽小，五脏俱全，降低造价就必然带来功能的缩水。因此很多时候，设计问题根本就是算账，把账算明白了，方案自然就成立了。这个项目的核心功能是两大一小三口人的日常起居，女儿大了，不再适合住在举得高高的小床里，必须分房间。总面积有限，又是特殊的户型，不具备完全分隔的条件。因此如何灵活安排潮汐功能，保证不同时段的空间合理使用，就成了问题的关键。

我们的做法是沿着空间纵深方向，把功能严格划分为三个区域。靠近外侧入口是厨卫储藏等生活服务区；靠近内侧大窗，是家庭生活的核心——起居室，我们把它抬高三步（45 厘米），做成了榻榻米房间；中间半明半暗的区域是主人的卧室。卧室和起居室之间的隔断，下部是实墙，中部是磨砂玻璃的固定隔扇窗，上面空开以保证空气和视线的流通，但以百叶纱帘来阻隔。隔扇窗的高度，正好让内部和外部的人

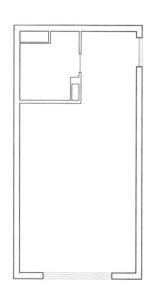
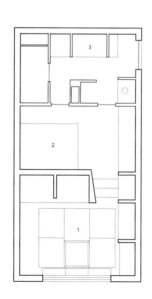

图 1："高低宅"改造前后平面图
1 起居室 / 2 卧室 / 3 餐厅

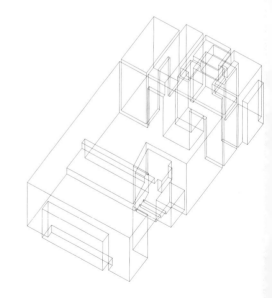

图 2："高低宅"空间关系轴测图

站立无法对视，以区分房间。连通两个区域的是一个矩形的门洞，一面墙倾斜，以描述空间由亮到暗的过渡，强调两个区域的反差。人通过这个体量感很强的洞口，要踏上三步台阶，从暗到明、从简单到丰富、从直立到坐卧皆宜，会产生明显的"输送"

这里高老师帮我改了一处设计。一开始我是用U玻来做隔断的。施工过程中U玻安装完毕，高老师反复去现场看了几次，感觉太冷调了，内外阻隔得太厉害了，反复权衡后拆掉，换成目前的方式，更柔和，流动性也更好了。业主有时比设计师更懂设计，更不肯妥协。

感。这里原本只设计了隔扇，孤零零的，好像"碧纱橱"，加上一根柱子，限定了起居室中小床的位置。考虑到那样太开敞了，不适合安睡，故做出上述调整。

隔扇窗和斜墙共同营造出小床的领域感，它占据起居室北侧，有隔扇做屏风。在古代，很多时候床都是以屏风来获得房间中的"位置"。小床是一个地台，床垫直接放在地台上。地台距离榻榻米完成面有30厘米高，下面做了大抽屉，端头没有被床垫占据的一角，挂了一盏柱状的灯，形成一个安静的读书角，是家中专属于女儿的角落。隔墙、门洞和小床又是一个大家具，分隔空间且容纳功能，最重要的：形成领域感。

起居室的一角是小床，晚上成为女儿卧室。女儿上学早出晚归，白天这个房间依旧作为起居室。不同时段，

图6: 起居室的工作空间 ＞
图7: 从卧室看隔断 ∧
图8: 卧室床 ∨

对，好像一个沙发区。这么小的房间里，无法围合出沙发区，但依然要留那么一点意思。至于窗边真正的聚餐区域，其实是榻榻米上的升降桌，上方一盏灯，也是从入口左转进入室内，透过门洞看到的东西。由于地面抬高了45厘米，这个房间更加紧凑，加上四个方向的功能和家具，形成了很强的包裹感。

卧室空间高而略显空旷，一张床，一个床头柜，两盏

互不干扰。其东南角还有一张写字台，是高坐具的形式，因此，榻榻米其实也是地台，行走坐卧都可以。从外面黑色花岗岩的地面，到内部各种不同高度的地台，人在这个小房间中的活动形式是多元的，甚至有一点模糊，增加了生活的趣味。靠窗的位置有一排书架，收纳全家的书籍，上有软垫，可以坐人。小床白天也用靠包堆成沙发的样子，两边遥遥相

阅读灯。对着床，是一整面墙的橱柜，本属于餐厨区的部分现在侵入卧室。只是一个没有湿区流理台，安排一些必要的收纳功能，其他如煮咖啡、沏茶等"高级"的服务性操作可以在这里完成，这也是小空间的集约化处理方案。卧室位于整个房间的"最深处"，白天冷色的天光从南侧隔扇窗和其上开口中透露过来，氛围是上明下暗，两侧阅读灯在不同高度上各自提供了一

团暖色的补光。高老师希望有一个可以简单就餐的小桌子，不要每顿饭都搬进起居室的升降桌。于是在这道橱柜台面之下做了一个抽拉小桌板，它伸出来的长度刚好让走道中摆下三把折叠椅。

厨卫区的设计其实花费了最多心思。围绕不可去掉的卫生间管井，做成一个环形的走道，两扇门开往卧室。所有服务性功能，电磁炉灶台、全尺寸的嵌入式洗碗机、洗菜盆、垃圾处理系统和净水器、冰箱、微波炉和洗衣机都塞进这个区域，充分利用了空间高度，叠放在一起，连厨房必备的收纳部分一样都不少。借用特殊的高度形成一个置物搁板，放上一些花草，厨房就有了生气。入口玄关，稍稍借用了厨房的一角，鞋柜、穿衣镜、挂衣架、换鞋凳和大镜子也就有了容身之处。软装部分采用了普蓝、明黄和黑色条纹，加上黑色地面和暖色木头，略带一点海的气息。为了买这栋小房子，

图 9: 卧室内操作柜内嵌的早餐桌 ‹
图 10: 卧室和起居室之间的隔断和入口台阶 ∧

高老师卖掉了北戴河的居所，我想通过这样的方式给她留下一些回忆。房子的建造正好赶上 2020 年上半年的新冠肺炎疫情，拖延了很久，也颇费周折，好在最后业主、我都还算满意。家具制造商被反复折腾，毫无怨言。一个居所的设计建造过程，无论大小，都是一个家庭经济承受力和生活想象力的极限，需要很多人共同工作来实现，在这个过程中，耐心、细心、责任心和反复沟通权衡都是必不可少的。人与人相处，磕磕碰碰在所难免，每个人心中积攒起来的美好愿望，一不小心就涣散了，设计师的作用就是把它们重新收拾起来。通过这个项目，我也学到很多，也很感谢我的第一个业主——高老师。

127

树塔居
Tree and Tower House

小山宅｜李先生家

大山宅｜张女士家
Mountain House: Mrs. Zhang's Home

舱宅｜毛女士家
Cabin House: Ms. Mao's Home

叠宅｜高老师家Ⅰ
Folding House: Prof. Gao's Home Ⅰ

卤宅｜张女士家
Chimney House: Ms. Zhang's Home

小大宅｜李医生家
Scale House: Dr. Li's Home

三一宅｜F 先生家
Triplet House: Mr. F's Home

六边庭｜禾苗展厅及办公空间
Hexagonal Court: Homerus Shop & Office

棱镜宅｜翟女士家
Prism House: Ms. Zhai's Home

卍字寓所
卍 House

舷宅｜张先生家
Sailor House: Mr. Zhang's Home

高低宅｜高老师家Ⅱ
Step House: Prof. Gao's Home Ⅱ

九间院宅
9-room House with Yard

北京房子
Beijing Houses

小山宅 | 李先生家

Small Hill House: Mr. Li's Home

李先生女儿快上中学了，为了照顾孩子就近上学，举家搬迁到这个小房子里。男主人的诉求是有大屏幕电视用来盯盘；女主人是全职太太，需要一个完整的瑜伽房间；女孩需要睡觉和做功课的独立房间。但是房子套内只有40多平方米，没办法做出这么多房间，只好把起居室和厨房合并，把女儿房和书房合并，把主卧跟瑜伽房合并，然后把阳台变成一个榻榻米茶室，从北到南一字排开。

## 1. 瑜伽房

瑜伽房是一个独特的存在，以前没有尝试过。女主人要的不是那种地上铺个垫子就可以做的普通瑜伽，而是飘来荡去的空中瑜伽。去现场一看，预制板老砖楼，施工条件很差，层高也不够，实在是个难题。女主人又拿出参考图例，是个四壁包裹木头、溜边一圈坐凳的空房间，直接在地板上打地铺休息。女主人说，这

图1: 从走廊看瑜伽室和炕间 ﹤
图2: 走廊中的龛和瑜伽室的壁柜 ∧
图3: 瑜伽室入口 ﹥

样即可，无需床铺。尽管如此，在屋子正中安装空中瑜伽的吊架，除了排除安全隐患，还要解决功能冲突，让白天和夜晚的使用不至于互相影响。这几乎是难以实现的。

开始设想直接在屋顶打拴，但预制板屋面年深日久已经风化了，强度不足。接下来尝试在两侧墙壁上做横向支撑梁，再往楼板上做三个锚固点，不料两侧墙壁都不是承重墙。面对女主人坚决的态度，我们甚至尝试做一个四点落地的独立支撑结构，因占用空间太多而放弃。设计又一次陷入僵局。

图 4:"小山宅"改造前后平面图
1 起居室 / 2 餐厅

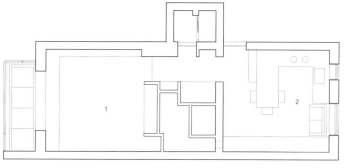

图 5:"小山宅"空间关系轴测图

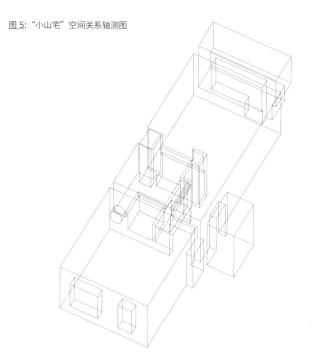

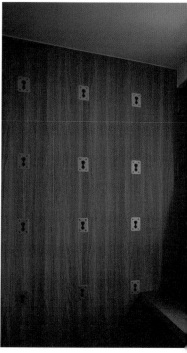

最后是工长从反向解决了问题，他一口咬定做不了。理由是楼体太老了，结构太脆弱了，空中瑜伽运动幅度大，会产生不小的冲量，操作者本人的安全风险过高。业主再欲坚持，也觉得不太可行，于是退而求其次，决定改成墙壁瑜伽。然而墙壁也不是承重墙，只能进行结构加固。但瑜伽房总算是搞定了。

133

## 2. 兔子洞

业主希望女儿也有一个可以攀爬的小床，我劝她说，孩子已经大了，需要一个独立的全功能房间，而不是一个小小的窝，她愉快地同意了。但已没有地方放这个房间了。我提议，将房间中部采光较差的部分抬高，向主卧探出一个大大的不透明窗用来采光，再辅以人工照明，创造一个独特的"深处"。地坪抬高 600 毫米，恰好下面朝南可以嵌入主卧室的衣柜，朝西可以嵌入盥洗区和洗衣区，实现了墙壁的功能化。里面空间虽小，却也五脏俱全，有一个800 毫米深的宽大书桌，胡桃木的桌面；有自己的小书架和靠墙的小卡座，还有一张1100毫米宽的小床。对于一个小女孩来说，是多么温馨的小房间呀！然而，我觉得女儿房不能只有一个出口，那样太闭塞了。可是如何制造另一个出口呢？现在的出口在南面，朝东是分户墙，朝西已经被各种功能占满，只能朝北开，可是北侧是承重墙，按规则是不允许的。

不能开门，是否可以开一个"兔子洞"，小朋友学习累了，可以从那里溜到客厅，外面设一个卡座，也不会摔到屁股。这样一来，塞在中部的"大家具"就被一条循环路径连入室内的空间系统中。这个兔子洞，在生活中或许很少用到，但在感受上却成了不可或缺的一笔。此洞一开，空气和身体都在这一刻流动起来。

小朋友当然喜欢这个提议，但这个洞应该是什么样子，又该如何做出来呢？助手刘力源用了大半天时间做了一个卡纸板模型，来模拟"兔子洞"合理的样子。洞口是倾斜的，从女儿房看，内高外低，可以轻松滑出去。里面是个正圆，外面是个拉长了的圆，上端齐平，下面成了溜出去的斜面。但直线相接会有硌腰的边楞，需要倒圆角，这样就成了非线性的放样。这么个细节，刘力源反复调了好几天，最后正圆的位置出现在路径的中部，溜出去的斜面也被 S 型曲线代替了。如此复杂的形态，如何制作呢？又涉及施工安装、与墙体交接等一系列问题，咨询了不锈钢厂家、木器加工厂家和塑料加工厂，要么报价高得离谱，要么直接投否决票。折腾到最后，我说工长干脆你来做吧，这个东西用工厂制造，这点钱都不够开模的，交给瓦工师傅，三两下就搞定了。不必非常圆润，只要够舒服就行。于是对墙体开槽，请师傅用抹灰做了一个，我们现场控制形状，待干透之后刷上光面油漆，孩子钻来钻去也不会弄脏，又设计了方便内外穿越的把手和拉手，可惜业主后来没有安装。

这个兔子洞，成了家里最有趣的一个角落，女孩房间的暖色灯光，从这里渗进壁龛，成为客厅一角的小景，连大人都忍不住想爬一爬。

图 11: 小山宅墙上的兔子洞 ∧
图 12: 从兔子洞透过女儿房看瑜伽室 >

136

业主却很希望将原来家中的一张胡桃木桌子保留下来。那张桌子又大又旧，桌面的边框有很大的弧度，新家具都是直棱直角的。我担心破坏整体性，一直都不答应。

最后主人也没跟我商量，自己找木匠对桌子进行了截肢手术，锯掉左边两条腿，卸掉了木衬板，又掏了圆洞，总之费尽力气，把它嵌入到复杂的组合家具中，居然严丝合缝，毫不违和。这件事给了我很大的启发。一直说要把旧物利用起来，让家里成为"私人博物馆"，真遇到合适的机会，却担心这担心那，还好业

### 3. 老餐桌

因为没有真正的客厅，入口的大桌子就成了家庭生活的核心。业主夫妇都不想要沙发，也不会瘫坐看电视。每个家庭都有独特的生活方式，地产商提供的户型却只有简单几种，似乎是想规范人们的生活，结果不得不通过二次设计来弥补，使通用空间服从于使用者的个性。与其如此，还不如全部空着，隔墙都不要做。

这张餐桌，是主人家吃饭、聊天、玩电脑、做功课和盯盘的所在，是真正意义上的多用途空间。因为室内狭小，它必须同一部分橱柜和入口玄关柜整合起来，是个三位一体的大家具的一部分。这里原来有一道隔墙，里面藏着煤气管道，这个是无论如何不能改掉的，只能用一根空心木柱包起来了事。为了整体性，我希望餐桌重新定制，木料用得扎实一点，却也要统一在主体色调中。

主比较坚持，能给旧物找到合理的位置，还省了一笔钱。平心而论，这张老餐桌记录着往日生活的点点滴滴，新家因为它的到来，变得更有味道，也更有意义了。

那根木柱子，我认为直径顶多做到 110 毫米，再粗就没法看了。结果做出来一敲，居然有 140 毫米，放在小屋子里难受极了。问工长和现场建筑师，都说里面有阀门，管子也是歪的，不可能再做细了。无论如何也无法接受，遂说服业主，让工长把它剖开瞧了瞧，居然还有不少空余。于是决定赌一把，用 110 毫米的

柱子来包，如果哪里被卡住，就把哪里削去。结果只削了一点，就好端端地扣进去了。有时候看似难以解决的问题，其实只要稍微努力一下，就迎刃而解。桌子如此，柱子也是如此。怪不得罗大佑说，再努力一点，就能得到自由。而且，刘力源后来告诉我，其实买柱子的时候没有直径 110 毫米的，只有 105 毫米的。这足以说明，很多时候我们留给自己的余地都太大了，大过了事物该有的样子。

房子是一长条，中部置入"大家具"，两侧两个出入口，剖面上形成了一次起伏。人在这条路径中行走，上去再下来，像爬一座小山，故名"小山宅"。除了北墙上的圆洞，向西侧走廊留有一条高窗，与外界声气相通，兼作置物架。向南，最主要的朝向，是一扇大大的外凸的采光窗，从瑜伽房里看去，形成视线上的俯仰，增加了空间趣味。

愿业主在小山宅中，生活幸福美满，女儿健康成长。

树塔居
Tree and Tower House

小山宅 | 李先生家
Small Hill House: Mr. Li's Home

舱宅 | 毛女士家
Cabin House: Ms. Mao's Home

叠宅 | 高老师家 I
Folding House: Prof. Gao's Home I

卤宅 | 张女士家
Chimney House: Ms. Zhang's Home

小大宅 | 李医生家
Scale House: Dr. Li's Home

三一宅 | F 先生家
Triplet House: Mr. F's Home

六边庭 | 禾苗展厅及办公空间
Hexagonal Court: Homerus Shop & Office

棱镜宅 | 翟女士家
Prism House: Ms. Zhai's Home

卍字寓所
卍 House

舷宅 | 张先生家
Sailor House: Mr. Zhang's Home

高低宅 | 高老师家 II
Step House: Prof. Gao's Home II

九间院宅
9-room House with Yard

北京房子
Beijing Houses

# 大山宅 | 张女士家

# Mountain House: Mrs. Zhang's Home

业主是一对海归工程师夫妻。两人曾在大洋彼岸求学、工作，兜兜转转十数年后，带着两个孩子回到熟悉的北方定居。一家人热爱大海、森林和高山，也喜欢在旅行中借各式民宿去体验不同的生活。由于长期漂泊，搬家次数较多，断舍离成为生活常态。相比于拥有更多的物品，两人更希望用有限的时间和金钱去扩充生活体验。

新家位于北京一处老旧社区，是 1962 年建成的多层住宅。小屋位于一层，90 平方米带小院。套内是苏式专家楼的格局，层高 3 米不止，房间周正敞亮，绿色的窗帘和宽大的壁橱，卫生间和厨房都用白瓷砖贴面，走明管。院子里绿树成荫，属于计划经济时期的年代感扑面而来，仿佛时光倒流。

拆开吊顶是预制混凝土楼板，表面贴满旧报纸，年深日久，已经风化破损。但却无法清除，因为当初是作为混凝土脱模剂，直接粘到了板底。仔细看，繁体字和简体字并用，尼赫鲁访华的新闻清晰可辨。板间用粗壮的麻绳填缝，房屋主体没有圈梁，只有局部构造柱和纵深方向贯穿建筑的拉筋，想必是地震后的加固结构。

除夫妻二人与两个孩子外，家里老人也会时常共同生活，居住密度颇高。在保证个体独立性与私密性的前提下，房子里要有足够宽敞的公共空间，供家庭成员一起沟通、交流和活动。在此基础上，我们就着承重墙，将房子一分为二，造起了山。


**1. 昼夜二分法**

从平面图上看，原有房屋的格局是标准的两室一厅，两间卧室位于西侧，客厅、厨卫位于东侧。南卧室直接对着大阳台，有通往小院子的门。业主希望将这里作为未来新居的主入口。这样一来，如果保持原有格局不变，入户时势必经过卧室，显然行不通。经查看，两间卧室间的壁橱是隔断墙，拆除之后，房屋格局就变为东西各一长条，均南北通透；而客厅和南侧卧室间的壁橱，原来也是隔断墙，拆除后就造出了一条从主入口入户后立即右转进入客厅的狭窄通道。有这样的便利，就能保留原有格局，将住宅一分为二，西侧是卧室群，属于夜晚；东侧是起居室、餐厅和厨房，属于白天。

在最初的设想中，东西截然分开，西侧密集堆叠，视线阻隔；东侧通透开放，一览无余。按照习惯的模式，起居室兼书房，将书桌和家具都向墙面收拢，中

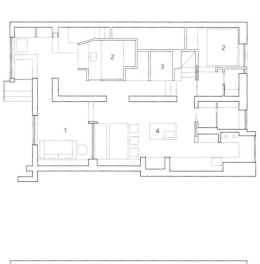

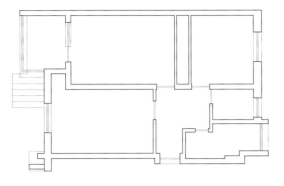

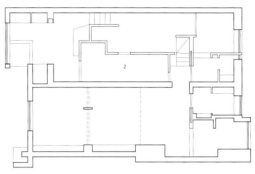

图2：“大山宅”空间关系轴测图

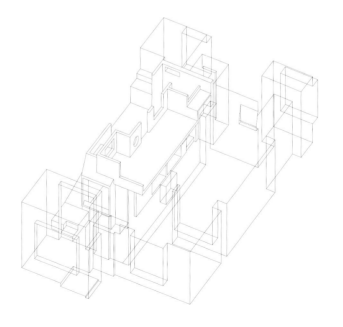

143

间空出来成为儿童活动区。这样一家老小的日常活动都在一个大空间中，其乐融融。业主看后，对西侧很满意，却对东侧存疑。晚上发来信息，觉得公共部分太常规了，问是否可以多点新感觉？这让我深感意外，以我们的经验，这个构思已属于动作很大的一类，业主却仍嫌保守。

图 6: 玄关通往儿童室的坡道 ∧
图 7: 大山宅入口玄关 >

146

图 8: 从走廊透过洞口看厨房岛台 ∧
图 9: 走廊透过洞口看客厅 ∨

于是重新考虑东侧的"白昼空间",干脆一不做二不休,在这边也造出地势高差,将大空间一分为三。通过入口的狭廊,先进入起居室,这里有宽大的沙发和书架,根据主人的生活习惯,并未设置电视或投影区域。左转是一道隔墙,半高的玻璃隔扇上部留空,必要时以竖向百叶分隔,分开客厅和餐厅区。进入餐厅要上三步台阶,让餐厅稍微形成"俯瞰"客厅的地势,从客厅也可看到餐厅。再往北是一个小小的方厅,就是原来的入口门厅,这里作为通往厨房、卫生间、卧室和走廊衣帽间的枢纽。厨房保持开放,让北侧的景色进入室内,同时保持空气畅通。

这样,房子里就出现了三个主要标高和六个相对独立的区域,说房间又不是,彼此似断似连,视线相通。这正是我们一直探索的空间手段——打破原有的空间格局,让房间家具化,制造隔断,容纳使用功能,将空间释放出来。不过这样一来,大于"家具"而小于"房间"的新分隔,就取代了以往规格化的"房间",屋子里出现了很多"孔窍",像太湖石的内部。不同的"孔窍"间似断似连,可以对望,彼此充当对方的"景"。对这样的操作,并不是每个业主都欣然接受,之前最完整的实现是在套内仅29平方米的翟女士家,如今反在业主的推动下,完成了一次更彻底的演练。

这样,东西两部分就都有了地势变化,形成一个环路的同时,两边各有三段空间分隔,形成丰富的连续场景。西边地势较高,视野相对受限,连上走廊衣帽间,自成一个循环;东边地势较低,局面相对开敞,人在屋内行走,虽然没有跃层,却也上上下下、曲曲折折,故名"大山宅"。这是相对于之前只有一次高低变化、形成一个内部环路的"小山宅"而言的,然而拆开吊顶,发现层高未能如人所愿,却也无计可施,只能将错就错,取消一部分高差,保留整体的地势变化和环形流线。这让最初的设想不再完整。然而向现实妥协,是设计师的必修课。一半是山路弯弯,不仅上上下下,还要左左右右,早

已迷失了方位,身在此山中。另一半是山谷,段落分明,各尽其用。山中无日月,要向两侧凿壁偷光,辅以人工光。有人喜欢住在平地,风光霁月,宽宽敞敞。有人喜欢住在山里,峰回路转,风光无限。每种不同的生活追求,都带来不同的空间样式和日常风景。

## 2. 造一座"睡山"吧

现在来说说"山房",其实是儿童房间。为什么要把它抬起来?因为小小的空间里容不下三间卧室。南侧因要留出玄关,南北进深更短了。如果硬放,中间卧室就成为黑房间。

也可以通过开高窗的方式给中部卧室采光,但侧高窗有非常强烈的孤寂感,会夸大空间高度。那么不妨把房间抬起来,创造亲切的尺度,并利用房间深处特有的光线条件,结合间接采光和人工照明,在昏暗中得到特殊的明亮感,增加感觉的层次。这座山有两个入口,一个位于北向,是弯曲转折的台阶;一个位于南向,本来也想做成台阶,但助手建议还是做成小朋友的滑梯。那里深度足够,可以形成坡道。这个想法很妙,对于有孩子的家庭来说,光有山是不够的,还要有坡、有陵、有谷、有洞。压缩卧室的面宽留出南北通廊,这条通廊就是"山谷",上方正是两个孩子的小床,各1.4m宽,孩子小的时候大人可以陪睡。建好后一看,那里足能睡下十个孩子。走廊西侧是嵌入床下的大衣柜,两个都在2m以上,满足收纳需求。最后,将朝向庭院、阳光空气最好的地方留给了老人房,也形成了入口处最突出的主景——一个块块磊磊、颇具"山石"形态的体量堆叠:"奇峰绝嶂,累累乎在墙外"。

这座山的最北端是父母小小的卧室,刚好是一张标准双人床的大小,等于把床做成了房间。在《树塔居》中,我讨论了床与炕的区别——床需要一个房间去容纳,而炕本身就是一个房间。在集约化的城市套型中,提

高空间使用效率的需求让我重新审视从小生活其上的"炕"，并在几乎所有项目中引入"炕间"。尽管没有烧火取暖的原始形态，仅从空间形态上来说，"炕"与榻榻米也有本质区别。一个炕间，意味着功能集成、方位确定，对于炕上的人来说，不同方向有着明确的功能和身体含义。有炕沿的一侧开敞，是进出房间的入口；对侧一般是窗，窗台可以支撑身体、观看庭院景色；炕的一侧靠近炉火，一般不放置任何物品，只在高处做置物搁板；另外一侧摆放炕柜，作为主要储物空间。炕既是床，也是交往空间，白天黑夜功能不同，是最有生活场景和集约化的室内功能区。榻榻米房间行走坐卧不分，缺少这样的紧凑感，也无从凭倚；它四面隔扇，空间匀质，也没有身体方位。炕是特别积极的一种空间装置，非常适合小户型。而它也是"家具房间化"这一思路的起点。

图 10：儿童室朝北的书桌 ∧
图 11：儿童室下山的路径和小床的洞口 ＞

主卧室中有一扇大大的磨砂玻璃窗，是给小朋友房间提供间接照明的。山房的另一侧直接面对南窗，没有使用玻璃隔断。两边有自然光的地方，都有足够宽大的书桌，给小朋友未来做功课留出位置。现在孩子还小，只把它当玩具，爬上爬下。北侧也开一个洞口，让一束光落在楼梯上。

竣工后有人来做客，又带来两个小女孩。房子复杂的构造激起了孩子的探索欲，四个小姑娘绕着山房疯跑，一会儿钻进壁橱下面的凹龛，一会儿鱼贯冲上台阶，又从滑梯上滚下来，正着滑、倒着滑，玩得不亦乐乎。

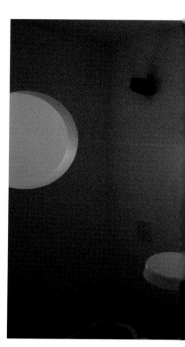

152

153

## 3. 房间深处的光

做这个房子的时候，不得不面对房屋深处缺少照明的问题。像这样的老社区，窗外的绿化与新住宅区有所不同，它不是那种精心挑选的景观树种，而是高高的、姿态横生的槐树，年深日久、蔽日遮天。房子在一楼，难免光线会受影响。东侧的餐厅、西侧的儿童房，都有照度不足的问题。但我很想保留这种熹微，让白天也有微妙的光线。

小房子做得多了，开始认真关注人工照明。开始感觉照明就是点几盏灯，这有何难？随着时间的推移，发现完全不是那么回事。光环境几乎可以说是设计中最难驾驭的部分。为什么这么讲？因为设计的其他部分，都可以通过软件来模拟，实时观察效果，而软件对光的模拟很不给力。在 VR 投入使用之前，尺度应该是个难点，但现在即使最复杂的空间构造，也可以随时走进去看看。可再好的渲染软件也无法完美验证光线。一方面，现实环境往往是光线多次反射的结果，超过了电脑的算力；另一方面，最难对付的，其实是光源的品控，这个真让人抓狂。不同品牌的灯具，甚至同一品牌的不同品种，标称的亮度和色温都一样，肉眼看过去完全不同，靠数据无法准确模拟。虽有专业灯光设计师，但我的要求显然超过了他的常规，显得爱莫能助。快要入夏的时候，我带着助手对阿尔托的布光方式做了一些探讨，写了一篇文章。我给我心仪的布光方式取名"体积光"，希望光源可以和光线一起占据空间，形成优美的可视之物，而不是扫亮一个面或照亮一个点。换句话说，点状和线状的亮斑让我非常难受，而这已经成了当代 led 照明的通用手法。因此，灯光设计师的建议，多数都被我搁置了。

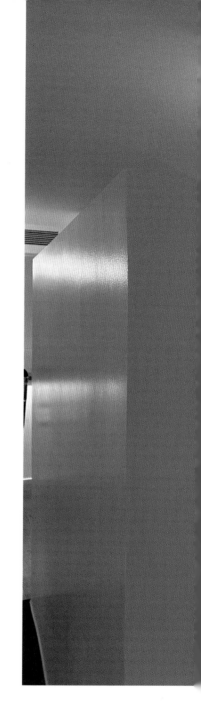

图 17: 体量堆叠 >

图 18: 多孔多窍 >>

研究阿尔托也没什么头绪，他的照明很大程度上依赖于灯具设计，而这需要全产业链的支持，不是我们这种小小作坊可以承受的，只好一个一个地选光源，调节亮度，控制色温，调节发光方式和发光体的形式，也设计了个别灯具。这个过程从前期开始，经历了模拟、打样、制作、调试等阶段，一直到现在还没结束。项目进行中途，业主喜欢上了海购的中古灯具，来来回回买了十几个，其中两个好看的灯罩在海运途中破碎，心疼了好多天。市面上的灯具，要么追求"豪华"，要

上，把照明环境搞得乱七八糟，最后得出结论：最贵的不一定是最适合的。

儿童房是靠两盏陶瓷壁灯来提供泛光照明，护眼灯照亮桌面，桌板底下装了隐光灯带，方便夜间使用。三套灯具，三种高度，三个厂家，匹配色温大费脑筋。但最终实现了我想要的光环境：每个角落都有亮度，柔和又不刺眼，与自然光的冷色形成对比，配得上房间深处的"暗"。

么追求"性价比"，很多经典的设计被抄袭成了网红款，非常可惜。想找到兼具合适的尺寸、扎实的材料、正确的发光方式，又能与场景相匹配的灯具，还能有点性价比，真是难比登天。为了方便比选，我们将主要灯具制造商的光源买了一大堆，接到工作室的天花板

而在另一侧的日间区域，餐厅占据了这个"深处"。业主夫妇当年在美国的时候，房子里有一张大餐桌，旁边有餐边柜。每日一家人的生活都围绕这张桌子展开，吃饭、看书、弄电脑。业主想在新居里复制一个出来。我希望它有明确的聚合感，但又不要塞满。房子刚刚

动工，主人家就看好了一张大大的胡桃木餐桌，选好了靠隔断墙的卡座沙发。我想，这个区域不能像通常的餐厅那样只做桌面照明，它必须是柔和的全局光。餐厅灯可以照亮菜肴，台灯可以照亮书本，单一的全局光源，两件事都做不好。于是选择了软膜天花，投下无影灯般的平行光线，让这个区域成为一个发光的盒子。使用双层软膜，是为了得到更加柔和的效果。

选择 3000k 和 4000k 两种色温，就餐和工作可以切

地方，做了一个倾斜的形体，成为墙体的一部分。它能微微照亮天花板，给这个处在逆光中的区域带来内容。同样地，我们希望它柔和，像灯笼一样，成为一个发光的装置。我们还设计了书架上的灯具，可以同时向天花板和书架打光；以及主卧卫生间的镜子，因为主人不希望走廊正对镜子，就用一个可以升降的小盖板把它遮起来，这些都是一些有趣的细节。总的来说，房子里的照明是柔和而有层次的。布光的时候，依据建筑形体相对容易，做出自成一体的体积光系统很难；

换使用。之后，把餐桌对侧的门洞改成了个可以坐人的大方洞，给餐厅提供另一个"面向"，提高聚合感的同时，打开全屋的对角线视野。房子竣工后，这里竟成了孩子们最喜欢的爬爬洞和大人的最佳拍照点。卫生间和厨房之间有一段短短的墙面，在高于人视线的

提高光的亮度容易，实现均匀又柔和的照度很难。至于"不可直视光源"这个原则，我理解，是因为明装光源太难看或亮度太高。这个问题可通过其他方式化解，不必人云亦云。

## 4. 生活的唯一性

房子从现场踏勘到工人离场，耗时整整一年。好几个业主跟我说，他们的亲戚朋友同事都不能理解：花这么多钱、花费这么多时间，到底图什么？还好我的业主们都理解，而且似乎是我的同盟，觉得生活不能"将就"。这里将就一点，那里将就一点，就没有底线了。

生活观应该构建在对唯一性的追求之上。因为人与人不同，通常来说，这种不同还不构成唯一性，须将个性以美好的形式表达出来才算。通过外物来为自己设立坐标，那外物就可以代表你这个人，而行使"唯一性"的主张。这就是艺术的道理。艺术就是个人通过外物传递给世界的唯一性信息。

通常我们可以通过住房来实现个体的外化，但只能选择住在有内无外的公寓里。即使可以盖房子，我也主张不要每个房子都竭尽所能地表达个性，因为城市需要整体形象，房子外在的形象处于公共领域，不能太自我。所以路斯让他的房子表里割裂，那是真的割裂，就像人对外有个公共形象，内心却可以保持自我。房子的内部，是人表达内心的一个途径。其实园林就是古人内心世界的写照，对外可以是无表情的白墙，内里别有洞天。套用库哈斯的话来说，这种割裂毋宁是健康的。

住在独一无二的房子里，过属于自己的生活，认真地对待每一天，是尊重自己的最好方法。这件事无法计算性价比，艺术无价。不可小瞧身外之物，除却这些，人们又如何表达自己呢？或有高人注重内心而选择粗糙简陋的物质环境，那却并非真正意义上的审美生活。人们可以不去追求豪车名表，但却要给自己配一个独一无二的壳。仅此而已。

卧室里留了一块 1.2 米见方的墙面，从入口刚好看见，想放一幅大画。这幅画怎么选，真是难住了我。我希望业主用真正的艺术品来填充它，画和摄影作品都行。业主对这一点是犹豫的，因为艺术品并不在常规的采购清单之列。我说，艺术品是独一无二的，它不能够用价格来衡量。于是和业主一起去选，选来选去选不到，因为大小合适又应景的作品并不天然存在。有几次几乎已经决定了，想想又不合适。最后我说，干脆把房子的轴测图挂上去吧。这个轴测做了不同角度的拼贴，把入口玄关的那座"山"以不常见的方式表达出来。房子里挂着关于房子的画，既不唐突，也满足唯一性要求，没问题。

在做这些项目的时候，面对业主不同的思维习惯和设计需求，我们给出的答案也并不相同。"套路化"是我们极力避免的。有人问我这算是什么风格？我也不知道，只是希望房子与主人的身份和气质相配，朴实无华但处处用心，工整但也充满趣味。

我妈问我，你做了这么多小房子，不能整点大项目吗？这个问题让我不知如何作答。的确，这件事谁都整得了，有钱请个装修公司，没钱自己找个施工队，由着性子搞一搞。如果说这是一个行业，依我个人经验，无论业主还是设计师，很难从中体验到真实、快乐和美。浅薄浮夸的造型、粗糙有毒的材料，貌似殷勤实则敷衍的服务，以及无处不在的行规陷阱，生意与生活，距离太远了。而恰恰是这被人忽略的地方、饱受争议的地方、似乎没什么希望的地方、无法寄托职业情怀和艺术追求的地方，是每个人，每个对真实、快乐和美有追求的人，包括建筑师本人，都必须面对的现实。即便我们改变不了什么，也要发出一些不一样的声音，做一点不一样的事情，尽管覆盖面很小，在人海中可以忽略不计，但它正是你、是我，是任何人和每一个人不得不面对的。我们希望通过这些小房子告诉人们，你现在就可以将现实撕开一条裂缝，开始想象一种新的内向的精神生活，织一个茧、筑一个巢，来护卫内心的自由。紧凑而充实的私人空间塑造自我形象，此后才有积极健康的公共生活。任何宏大都必须由渺小来填充，健康的肌体是每个细胞都健康，完善的集体是每个个体都完整。遗憾的是，作为一个普通人，并不是总能感受到来自外界的理解和尊重，那么，就好好尊重自己吧！

# 大山宅拾遗
## Moments in the Mountain House

2020 年 12 月 20 日，委托方与我一起走访了已经使用两年的叠宅、竣工半年的棱镜宅，和接近施工收尾的小山宅。跟几位前业主畅快聊天，一边听他们讲述日常趣事，一边敲定了委托任务。说起来业主也算是同行，按照她的说法：在细分领域里还有更专业的人，因此委托给我们。项目持续一年多，其间发生很多事，细节都模糊了。竣工后看看照片，一些往事重又清晰起来，兹录在此，想到哪儿说到哪儿，作为一段工作的复盘。

## 1. 关于"大山"

所谓"大山"，是指房子西侧的几间卧室叠起来，成了一块"大石头"。园林中以土石为山，山中有洞，上下都可居，形状是表里互为因果。山路在南北，上去之后折向东，两个孩子的小床在路径尽端，下面就是衣帽间小走廊。两张小床原本都是 1.2m 宽，孩子睡觉的时候脚对脚。业主说孩子太小，睡觉时需要大人陪伴，宽度达到 1.4m，原来的摆法就不成立了。于是把南侧一张横过来，吃掉了书桌的一部分宽度。更大的影响在楼下老人房，它因此必须向南探出，以保证进深。入口玄关看到的层层叠叠的内立面，其实是条件约束的结果。

老人房的屋顶南高北低，有一个曲面卷棚，较低的位置上面刚好是书桌。理论上，这个卷棚顶做成直角净空更大，但在心理上不如曲面亲和。原本二层的小床在内立面上形体最为突出，现在也让位给老人房。为了避免上表面积灰，老人房屋顶略向南倾斜，左侧也有一个斜角，是为了提示上去的路径。其实这里不适合上楼，因为做成了滑梯状，竣工后我一直有点担心，

想做些礓磋，被大家制止了。业主和助手都说，上山可以走北边楼梯，这里是小孩子的滑梯。建好之后，果然，这里成了孩子最爱，连大人都喜欢溜下去的感觉。为了保证视觉流畅，这里取消踢脚线、不装扶手。又有个墙面保洁的问题，最后找到一种环保油性漆，做了整面涂装，结果墙面反射南面的光，变得亮晶晶的。靠近屋顶的加固钢筋，因为地势提高，变得触手可及，成了孩子房间里挂衣服和挂画的通长吊线。过程中曾设想将这条钢索做成灯线，向天花板打一道光，但它其实并没有特别紧绷，又不平直，最终放弃了。

孩子的小床入口居中，对侧的墙面本来有一个面向餐厅的窥视口，后因空调主机需要吊顶，无奈取消了，到现在都遗憾。一个窥视口，能彻底消除"尽端感"，带来空间知觉上的真正循环。还好，小床上总共留了 6 个洞口，分别朝向西、南、北。董豫赣老师笑着说，这是一个"六窗间"。其中有一个洞口是圆形，没有什么特别的原因，只是一时兴之所至。与空间结构的整体性相比，这个窗是方是圆都不要紧。朝南的洞口可以俯瞰入口玄关，朝北的故意探出去做了个虚的体量，将北侧光线引入，形成下楼梯时的对景，晚上还能临时放衣服。南侧也有个类似的区域，在朝西的洞口外。曾想过利用地板抬高部分以下做储藏，又放弃了。房间的每个角落都塞满东西，想想都让人心塞。

## 2. 书桌灯

我喜欢灯体透光的灯具，最好上下都有出光口，这样照度比较均匀，也可带来柔和的环境光。儿童房有两个壁灯，装好之后，我怎么看都不满意。有一天业主忽然对我说，两个壁灯正面看还可以，侧面不好看。我说我也是这个感觉。于是重新海选，漫天漫地地找，脑补了无数种可能，最终还是选了早已心仪、但一直担心照度不够的中古陶瓷壁灯。装上之后，果然照度不够，需要给桌面补光。于是把预想装到桌面底下的

灯带提到桌面以上，还制作了倾斜带网孔的金属遮光板。安装之前到现场一看，我感觉桌子下面暗了，形成很大的反差，不舒服。于是灯带回到桌面以下。桌面用简单的护眼灯补光，三组灯具，三个位置，三个层次，只要协调色温就可以了。我反复强调，灯具要有个体积，但不必太有个性，通用款即可，但在整个施工后期都弥漫着一种灯具焦虑。我在想，为了少些麻烦，是否需要根据现有的光源情况，设计一系列与空间高度匹配的灯具？那样就可以避免在浩如烟海又缺乏规范的灯具市场里海选，但又是一个系统工程，至少在这个项目中无从实现了。

## 3. 小楼梯

走进房间深处，很难不注意到走廊尽端通往儿童房的小楼梯。说来幸运，通

图 24: 大山宅台阶旁的置物台和扶手 ＜
图 25: 从走廊看台阶和主卧室 ∨

图 26: 大山宅客厅 ≫

过对房间尺寸的精打细算，两间卧室叠拼一个双人儿童房，长度刚好留出一个体面的门厅。这个小楼梯的宽度，仅供一人上下，但形体错落，姿态横生。下面一个及膝高的小平台，可以放书、放花、放毛绒小熊，都随主人心意。上去一根通高的黑漆扶手和墙面之间形成狭缝，增进了剔透感。右侧往主卧留了一个小小的通光口，中途差点取消，因为以卧室为观察点，这是毫无价值的，但墙壁都是两面，一个空间操作，两面都有空间效益最好，如不能，一面也行。从磨砂玻璃中透进来的光是蓝色的，很好地呼应了人工光源的暖色。台阶上用实木覆面，与身体相接的部分绝不敷衍。助手布感应灯，每级台阶一个，被我删到只剩一个。最后，在高高的转角处，加了一盏向上出光的三角灯，在叠宅中用过一次，这是 2.0 版本。它与墙面之间留出缝隙，可以三面出光，更加灵动。

走廊和楼梯，这些居室中服务性的部分通常容易被忽视，但往往是最能创造丰富体验的部分，在设计中会格外慎重。

## 4. 蓝色元素

延续了高低宅的倾向，使用了蓝色元素。这种蓝色基本上源自一家布品店的桌布，因为店里只有那么一种普蓝的麻布，就以它为基调配色。似应顺着这个思路选择蓝色饰物和布品，想想又不妥。不加辨别地强调蓝色元素，同样属于概念化操作，会损害空间。于是朝南的主要迎光面都用了麻本色窗帘，透光性略优于蓝色。那种将光线完全屏蔽在外的遮光窗帘，是我极力避免的。根据业主要求，在麻窗帘外加装了白色垂感纱帘。这种纱帘的问题是下面必须锁边加铅坠，视觉上不够纯粹，实际安装效果还好，给室内增加了一层朦胧感。

几乎所有的壁柜都使用了蓝色拉帘而不是柜门，节约

了造价，也节省了空间。室内也因此柔软起来，与硬硬的形体边界形成对比。主卧和公卫用了蓝色烤漆推拉门，即使关起来，也提供了一个视线焦点。入口玄关为了与蓝色形成反差，选择了橘红色的墙体涂装，整体配色是阳光的。

## 5. 餐厅台阶

因为层高的误判而取消的餐厅台阶，是心中另外一个永久的痛点。或许完美的实现并无可能，但即使这么说也不能止痛。

如果那三步台阶还在，客厅和餐厅间隔断的意义就大了不少，不像现在这样有点故意。它会带来视线的上移，从而注意到卫生间与厨房间墙面上精心设计的大壁灯。那个壁灯呼应空间的转折，带来新的面向，以柔和的照度补足了暗部的光，用以抵消北侧外窗的炫光。从台阶上走下来，正好可以看到它。壁灯是向上下打光，下边本来计划悬挂一个精致的模型，到目前还没找到合适的。

如果那三步台阶还在，起居室和衣帽间走廊的大洞口，两侧形成不同的身体行为，西侧走廊中，人以站姿扶在洞口上，正好与餐厅坐姿的人形成对话，室内对尺度就是这样敏感。我理解路斯通常把餐厅举高的用意，那是唯一非坐不可的空间。

可是没有如果。安慰自己说：小楼梯因此更显挺拔，孩子们也可以在洞口穿来穿去。但仍是不爽，想念模型中的三步台阶。

## 6. 百叶窗

北面没有庭院，北窗在楼体的阴影中，室内开着灯，

很容易从外面看见，因此需要遮挡。北窗本来已经把通风扇做成封闭式的一窄条，采光扇贴了哑光膜。因为造价原因没有选用电敏玻璃。但贴膜总是看不顺眼，最终还是揭掉换了百叶。市面上有各种各样的百叶，但我还是喜欢最普通的手动款，看上去最舒服。从百叶中透进来的光线，给空间中的一切都涂上了明暗相间的条纹。厨房里的器物选择亮晶晶的，在逆光中能有更好的表现。

窗子分成采光和通风，并不是矫情的做法。开启扇边框太厚不好看，做成固定扇来采光是合理的。问题是开启扇一般很窄，去掉粗边，玻璃就剩下一窄条，难看极了，因此不如直接封闭好了。

## 7. 书架和书架灯

书架和餐边柜同在一侧，特别容易造成视觉上的重复。似乎只有做成开架才能解决，于是就做了。当年做树塔居，为了去掉托板下边的支架想了不少办法，但最终还是被厚重的图画书压垮，只好补上了角铁，从此对悬挑托板再无留恋，根本不实用。

而露明托架又有一个潜在的好处，是充当书籍挡板。有时候我们会用独立的书挡，但毕竟多余。托架保证书的直立，书又掩盖了托架的存在，相得益彰。不能领会这个好处的人，书架应该也只是用来摆摆样子的。书架有三层，上面留白。我很不喜欢占满墙面的书架，上面的书很少拿下来，一味接灰，且压缩了空间的高度。留白的部分，需要打亮以形成间接照明。直觉是这个空间不可以用全局光。一开始，也在留白部分做了个很大的发光体，但想到一进客厅就直视光源，哪怕做得再淡，依然是个败笔，尊重大家的意见，把它去掉了。灯光设计师建议用扫墙灯扫亮屋顶。他说的有一定道理，但我不喜欢隐蔽光源。

有一天翻书看见阿尔托的书架灯，很感兴趣，一下子找到了方向。这个灯朝墙壁和书架打光，有上下两个出光方向，正好适合这个区域：向上打亮墙角，使空空的屋顶成为发光体；向下打亮书架，提供功能照明。于是根据想象做了图纸，发给厂家定制。然而事与愿违，拿到现场一比划，安装存在困难，出光角度也与预测不同。勉强装上去，怎么看都不舒服，又卸下来，一个人用手托着，一个人在下面看，调高度、调距离，直到两个方向都大体符合设想，接下来是用什么方式固定的问题。好在助手从淘宝上很快找到价格合理的立杆，刚好吻合支架管径。两个不够用四个，让它孤悬在书架之上，等于现场做了二次设计。

装好之后，泛光照明还行，书架灯的作用依然实现得不够完美。其实就是简简单单两个屋顶射灯就能解决的事，为何要大费周章？一个原因是我不喜欢点状光源，另一个，屋顶要保持空无一物才好。这时候，吊扇的存在就会被凸显出来。那种兼有照明功能的吊扇，也是难以忍受的，而普通的吊扇又很难装在吊顶上。最后通过打拵，将很轻的工业吊扇装了上去。书架灯和吊扇，都是简明直观的功能性存在，造型体现用途，不加修饰。

## 8. 餐桌和玻璃隔断

美丽的胡桃木大餐桌是业主自己的选择。开始业主想要足够宽大，最好有 1.2 米宽。我带她到工作室，看我 1.2 米的办公桌，给她演示，坐在一侧的人需要站起身来，伸长手臂才可以够到餐桌对侧的菜。餐桌有餐桌的尺度，合适就好。

起居室与餐厅之间，是木窗扇隔断墙。窗扇是双层玻璃的固定扇，中间预埋灯带。灯带只能溜边，点亮后窗体会四周发亮，中间暗淡。我跟业主说，除了过节或过生日，就不要点亮这扇灯窗了。

不曾料想的是，双层磨砂玻璃形成了特殊的导光效果。特别是阳光明媚的下午，阳光从起居室大窗照射进来，透过玻璃隔扇，给餐厅造出一个明亮又柔和的角落。

## 9. 联想起大海的壁灯

走廊南侧尽端拐角的墙面有个无光区域，打算做一个很特别的投影灯，投出一株植物。本以为这个想法契合了业主的专业，会得到支持，却不料业主非常反对，

觉得过于装饰化。有时候不得不承认，业主有着高于设计师的欣赏水平。

几个月后，海购的灯具到了，其中有一盏来自意大利，白色的灯体、蓝色的波纹，仿佛闻到了海风的气味。把它装在这个特别的位置，从房间里出来，走过昏暗的走廊，眼前一抹蓝色，让人想起遥远的太平洋和温暖的加利福尼亚。大家都觉得这盏灯应该正对走廊。但我想，它应该在那面墙的正中，而不是走廊的正中。这样从走廊看去略微偏右，提示着出口的方向。

市面上的光源很少低于 1 瓦，对我来说都太亮了。美丽的灯罩不仅是室内的点缀，在场景中的作用是压暗光源，将它们一一制服。

## 10. 外凸窗与门把手

阳台改作主入口之后，入户门成了老大难。原来的阳台向外探出 30 厘米，上面直接盖了块玻璃。设计中将这个动作保留下来，不料因为小小的气候边界外探，造成很大的施工困难。现在工种细分，室内的不管室外，室外的不管室内；做门的不管做窗，做窗的不管做门。阳台轻钢框架、入户防盗门、铝包木阳台窗、室内吊顶、室外防水挑檐分属于不同的施工单位，而这一切都做好之后，发现有不少地方并没有交圈，还都留着空隙呢。而且，轻钢框架不仅与整体违和，还成为室内外的冷桥，必须进行保温和美化处理。里里外外，这个部分施工进行了近三个月，现场负责人花费大量精力进行协调。由此得到教训：除非是有完整的室内外一体化施工单位，否则不要轻易调整气候边界。

本来是室内使用的防盗门，现在用在室外，门把手会很冷。得到郑磊的帮助，提供了定做胡桃木门把手的厂家。然而比来比去，漂亮的胡桃木把手与本地防盗门的锁位难以匹配，外地防盗门又不负责安装。只好自己动手来搞定这个。现场建筑师从网上订购了胡桃木，把原把手的连接件卸下来组合上去，做了个漂亮的木把手。门左侧立梃是钢结构，留了个方洞，嵌入亚克力壁灯，又买了块茶色亚克力作为雨棚，直接嵌入门框与封板之间狭窄的空隙。这样就有了个既体面又不失手工特征的入口空间。

## 11. 门厅

门厅左侧，通往小滑梯的台阶，在最初的设计中是一

个榻榻米，既是通道的一部分，也可以用来休息。但什么都能做就经常什么都做不好。反复斟酌，保留了这个高度，但把它简化为最基本的地台，依然可以用来坐人，但不再暗示任何附加功能。我说，这个台阶必须结结实实，不能踩上去空空作响，工长自信地向我保证。做好之后，果然很踏实的脚感，刷了白色油漆，防止踩脏。这个台阶与白色的"山体"一起强调了塑性的实体感。

入户门旁边、衣帽柜对面，是拆除壁橱后出现的小走廊。墙壁带两个折角，被我保留下来，让它更加生动，却不是有意为之。这个的顶高甚至比天花板还高 30 厘米，可以做一个很大的吊柜。同事说，就不要封闭起来了，打开成为一个头顶的龛，会让空间更多层次。VR 里试了下，果然如此，而且意外地，提供了一个起居室回望的绝妙视角，配合衣帽柜的橘色墙面，让空间更显深远，可谓设计中的点睛之笔。

这个龛该刷成什么颜色？一直到施工临近，也还没有确定。助手在群里问我。当时正在开会，看不到图纸，大概凭经验决定三面刷成黑色，最靠内角部安装一盏射灯，照亮一个大大的艺术品。这件东西选来选去，怎么都不尽人意。有一天业主忽然把一张照片发在群里，龛内长出了一排高高低低的竹笋。原来是他们把以前收藏的一组白色弯曲的小瓶子放进去了，暗色背景下竟莫名合适，大出意料。有时候就是得来全不费功夫。

## 12. 选家具和饰品

终于到了选家具和饰品的阶段。还好，家里没几件要选的，可是仅有的几把餐凳、小茶几、入口的小沙发、楼上的书桌椅，还有卧室的画，却让人大伤脑筋。设计师需对整体效果负责，业主此时已经开始对即将到来的新生活展开想象了。为了让业主选择真正的艺术

品而不是复制画，我带着她去参观艺术家工作室。

第二天业主给我发来一段话："特别感谢您给我们又是联系又是挑选，这个地方我还是希望能加入一些我们的理解和生活痕迹，因为这里不是纯粹的艺术，必须是和我们过往生活、兴趣爱好结合的艺术。您推荐的作品真的唤起我们以往在高山里游走的经历，非常有象征意义，但是呢，没有办法在情感上产生共鸣……且确实也是一笔开销。我再想想……"想起加乌尔住宅墙上的杜波菲的画，感慨柯布的游说能力。

我回业主："这件事我也许干涉过多了，我反思了下，还是你们俩来决定吧。"业主回我："没事啦，金老师，没有您把关，我也是心里发虚。"为了顺利推进，我们使用了杀手锏，就是把房间轴测图喷绘在棉质的厚纸上，成为卧室的主景，解决了唯一性问题，又控制了开支。但是，依然是个折中，我还是喜欢真正的艺术品进入居室。我跟业主说："我们的房子是独一无二的，那就需要真正的艺术品才能匹配。"任何一个领域，严肃又执着地从事，都能技进于艺。想想小时候，哪里见过什么美术馆，我们的童年教育并不支持对艺术的理解和喜爱。好在孩子们都有更好的途径去看世界，希望他们未来能更加理解艺术的价值，更懂得如何让艺术走进生活，使生活也成为艺术。

## 13. 一波又一波的暖房

头天工地还一片大乱，好像施工永远都不会结束似的，忽然工长就撤场了。看看哪里不如意，修修补补，一边添置家居用品，与业主一起畅想未来房子里的生活。还没收拾停当，业主就把朋友请到家里。

那是一个和煦的冬日午后，业主家的两个小女孩和朋友带来的两个小女孩年龄差不多大，在屋子里兴奋地绕圈，钻进每一个角落探索，在高高低低的空间里漫游，

一刻都停不下来。小朋友把比萨饼的油直接抹在刚揭膜的沙发上，看得我心惊肉跳。不出所料，这个房子特别讨小孩子喜欢。

然而这还只是开始。一波又一波的朋友开始前来暖房，把新家活生生变成一个聚会场所。而这里的确适合聚会。因为每个场景都是宜人尺度，很容易形成围合，非常聚气。我跟业主说，至少有五个场景适合聚谈：起居室、餐厅和岛台、门厅、小朋友房间，以及未来越来越美好的庭院。庭院里有两棵香椿，会带来很好的光线。每个空间其实都有向心性的暗示，让人不自觉地停留。在我看来，整体上流动性的循环路径，其难点也在于如何创造适合停驻的"可居"空间。这一点，我们实现得不错。

有一天，业主很开心地对我说："没想到这么多人来我家参观啦！"我对她说："一个有意思的空间可以引来多少人气，是你想象不到的，到时候不要嫌烦就好。"生活里需要这样小小的热闹，但最终还是要归于平静。平静的日子里，每天醒来，看看这里那里，这些认真调配的光线和精心呵护的场景，会不会让人心生感触呢？世间本没有常看常新的东西，房子本来就是给人住的。我和业主说，胡桃木桌面很难养护，但也不必特别珍惜，成为东西的奴隶就不好了。爱惜但又不过度爱惜，对人对物都该如此。

业主搬进去之前，给大家留足了缓冲期，我们过去拍照采集资料，他们过去慢慢收拾搬家。有几个星期几乎天天去，尽管有 VR 加持，见到真的房子落成，光线变化带来微妙的感受，也是之前无法想象的。有一种贪心，希望抓住它每时每刻的样子。

好吧，该收收心了。一天晚上，决定不再折腾。关掉所有的灯，打开上悬窗，锁好大门。挥手告别，从此物归原主，再来就是客人。

树塔居
Tree and Tower House

叠宅 | 高老师家 I
Folding House: Prof. Gao's Home I

小大宅 | 李医生家
Scale House: Dr. Li's Home

棱镜宅 | 翟女士家
Prism House: Ms. Zhai's Home

高低宅 | 高老师家 II
Step House: Prof. Gao's Home II

小山宅 | 李先生家
Small Hill House: Mr. Li's Home

大山宅 | 张女士家
Mountain House: Mrs. Zhang's Home

卍字寓所
卍 House

九间院宅
9-room House with Yard

舱宅 | 毛女士家
Cabin House: Ms. Mao's Home

卤宅 | 张女士家
Chimney House: Ms. Zhang's Home

六边庭 | 禾苗展厅及办公空间
Hexagonal Court: Homerus Shop & Office

舷宅 | 张先生家
Sailor House: Mr. Zhang's Home

北京房子
Beijing Houses

Triplet House: Mr.F's Home

这是一个平和有爱的四口之家。爸爸妈妈都是工程师，喜欢读书、运动，一双可爱的儿女，热爱小动物。随着孩子的长大，居住条件亟待改善。由于预算等多种条件的限制，此项目中，我们尝试了一种新的工作模式：工作室为业主提供设计咨询，由业主本人完成方案实施和施工监督。在这个过程中，我们与业主共同讨论方案，过程中协助解决问题。

该项目位于北京一栋 20 世纪 80 年代中期建造的塔式住宅内，户型为三室一厅。入口是一个昏暗的小黑厅，北侧采光被厨房与卫生间阻隔。南卧和东北卧各自拥有一条长长的阳台，前户主用来堆放杂物。西北次卧带一个附属储物间，正对入口黑厅。三个卧室各自为营，唯一的小厅前后左右共有大小六扇门，疲于被四方人流穿越。整个住所缺乏家人活动与沟通的共享空间，也无法满足家中老人偶来住宿的需求。

方案从功能整合出发，将一家四口的卧室紧密布置在西侧一列，放松东侧空间，将其化零为整，形成连续的公共区域。


## 1. 整合的寝所

南侧的主卧，保留了原有宽敞明亮的状态。为了满足男主人夜间加班，不影响和打搅家人的诉求，在全屋的尽端，阳台的把脚，设置独立的办公空间。阳台与卧室之间，立一处 60 厘米高的小柜，阳台侧做出一块冬天可以猫起来，靠着暖气晒太阳的小榻。同时，这个区域给了屋内座椅一个背向，更是在卧室与阳台之间形成一处框景。

西北次卧，去掉储物的小黑间，塞入一个 2 米见方的小房子做妹妹卧室，剩下的空间留给哥哥。妹妹房地面抬高半米，底下用以储物。小床宽 1 米，橡木定制，高出妹妹房"地面"50 厘米。床下空间六分给哥哥，四分给妹妹。这样，哥哥屋拥有了一个 1 米高，2 米宽，0.6 米深的衣橱，妹妹也拥有了挂裙子的小柜。

妹妹床侧，起小段白踩加两列方榥格共 60 厘米高做围挡，余者留空，接西窗之光，引西窗之风入屋。哥哥屋与妹妹房在保持独立的同时，拥有通透的视线，相互借景。北墙为哥哥床侧定制了 1.2 米高橡木护墙板，隔绝凉气，增强包裹感。哥哥靠墙，妹妹凭栏，两个孩子一高一低，对望嬉笑。晚上可以拉上帘子，各自成为独立区域。

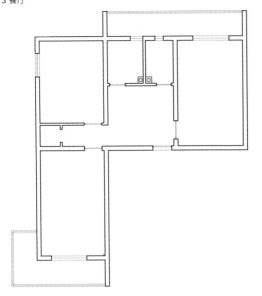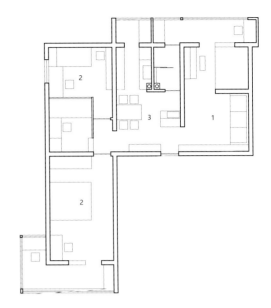

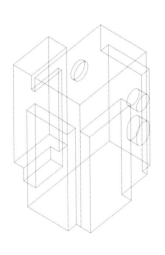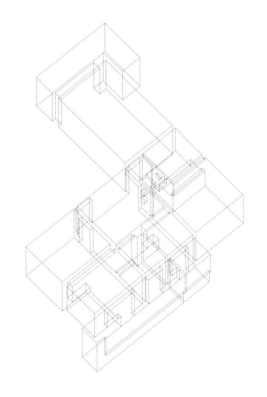

175

177

## 2. 放松的公区

西侧解决了家庭生活的私密性与睡眠需求之后，整个东侧便容纳餐厨、盥洗、读书、弹琴与娱乐等功能，全部敞开了。

北侧阳台对应厨房分割出炒菜区域，使烟程变短，这样厨房可径向打开，不再设门，将室外光线完整地引导至餐桌上。在业主坚持下，卫生间门移至北阳台，门厅处以磨砂玻璃砖做隔档，透光不透人。一日之中，小小门厅，光色纷呈，不再是往日的小黑厅。

原先的北侧大卧，变成了全屋的公共生活区。业主有800册藏书，不需要沙发与电视，全家偶用投影仪一起看电影。我们用一道40公分宽皮纸糊的光笼，将公区分为两个事实上连通、心理上分隔的部分。南侧是阅读与游戏区，整面书架占领南墙，接一条长长的桌板，

让出地面空间，供小儿蹦跳，或趴在地上游戏，玩累了便看书。光笼往北到阳台墙垛之间，布 1.5m×2m 的炕间，平日里是家人坐在一起聊天喝茶的场所。若家里老人留宿在此，可将天花板上的轨道窗帘拉起，屋内便又多出一处独立的就寝空间。钢琴贴墙摆放，与榻榻米之间尚有 1 米余宽，供人通行。

炕间与北阳台之间的墙垛上，覆一实木大板，便于叠衣置物。

## 3. 转换的风景

在公区进入寝所的转换处，有一条 1.5 米长，约 1 米宽的小过廊，我们称其为"胡同"。使用红、黄、蓝三种色彩涂刷天花和墙壁，界定出这个"胡同"的不同走向。色块的拼接方式一方面破除了方盒子的体积感，

同时又创造了新的体积，人在其中，仿佛置身于堆叠在一起的若干彩色大立方的缝隙中。主卧红色、妹妹房黄色、哥哥屋蓝色，每个门洞前，都有不同的色彩迎接。三色的界面组成一个独立的空间装置，使公共与私密的转换枢纽成为一个特殊的连通器，把居室中最消极的部分转变为日常风景。妹妹房正对哥哥屋的墙面，涂浅宝石绿，作寝室背景。

如何在有效分隔居室空间的同时，能够让视线与空气流通起来，一直是我们探讨和实验的重点。正对门厅，全家地势最高的妹妹房向外，留有一个圆形的瞭望口，可以让视线越过"胡同"，继而穿过门厅墙体的圆洞，最后被尽端处彩色的亚克力壁灯接住。随着人的移动，两道圆洞彼此交错，图像在月环食与新月之间切换。

"胡同"与餐桌之间，亦打开了一个椭圆形洞口。坐在餐桌旁，通过这个椭圆形，可以斜斜地将目光抛在哥

哥屋的西窗外。妹妹喜欢站在胡同里，趴在椭圆洞口，向门厅张望。这条全屋最长的视线，连着阅读区与妹妹屋，穿过三个门洞，三种色彩，直至在妹妹升降小桌上那盏方头方脑的大红色小鹿灯上锚定下来。这条约 10 米长的通路，也变成妹妹与哥哥撒欢奔跑的路径。

## 4. 儿童的快乐

有小孩的家庭，尤其是二孩之家，常常面临着地面玩具凌乱、墙面乱涂乱画的问题。除了留出足够的空间供小朋友玩闹、一定的路线让他们跑跳，还要考虑利用其他的零散空间，给小朋友们"搞创作"。

玻璃砖旁，正好用方钢框出宽 60 厘米，高两米的区域做乐高墙。这是一件每天大家一进门第一眼便能看到，且会随小朋友的想象力日常更新的作品。"胡同"里的白区都二次涂刷了白色水性漆，专供小朋友在自己门口涂鸦。小孩子有了自己的创作与展示空间，家里其他墙面，便"保住"了。

妹妹喜欢探望小动物，哥哥喜欢收集羽毛。这次也特意在各种器皿的选择上与他们的兴趣共鸣：邀请了斑马、火烈鸟、金钱豹等各种动物，出镜水杯、盘子或花瓶。

哥哥也着迷宇航与太空，我们和妈妈便一起选了星球灯挂在哥哥屋。妹妹这边，躺在自己的小木床上，望厅赏"月"，扭头观"星"，得意洋洋。

在本次项目中，工作室与业主以全新的工作方式，协力打造、共同完成这栋色彩明丽的快乐小屋。对于我们来说，施工标准和细节处理都是最为要紧的事，这种工作模式下难言完美。但业主在选择施工方案、探索产品方面的工作，也给我们带来了一些意外的惊喜。

色有三元，汇为一体；居寝三间，合家如一。

卍字寓所
&
九间院宅

卍 House
&
9-room House with Yard

# 卍字寓所
# 卍 House

该项目为集合公寓中的小户型出租屋，位于地铁站旁，毗邻科技园区。业主希望通过室内设计满足疫情期间租户居家办公的需求，也通过家具设计带来一定的使用弹性，同时满足居家和小型工作室的使用功能。作为出租屋，面对的客户难以确定，可能是单身，可能是一对朋友或恋人，也可能是小夫妻或三口之家，同时也可能在白天作为工作室满足多人办公的需求。

设计利用房间中央偏左不可更改位置的暖气管做成夹壁，在房间正中置入可调节大小的办公桌，成为空间的中心。取消双人床，利用入口右侧空间做成双层组合高低榻位，成为一个极小化的"卧室"，可满足不同租户的睡眠需求。走廊上方为收纳区，可从上层铺位取放物品，实现空间的最大化利用。

中央书桌四周形成过道，将房间自然划分成餐厨区、学习区、储物区和休息区。以书桌为核心，以"卍"字形设置四条导轨推拉扇或折叠扇，可将空间灵活划

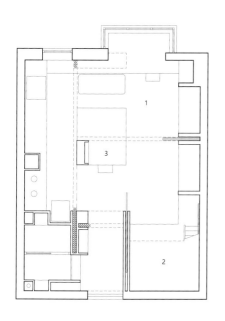

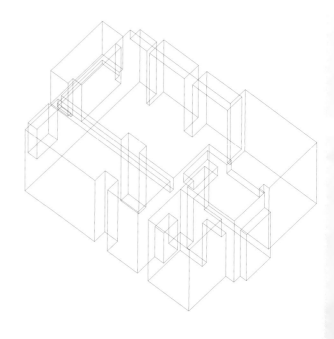

分，最多隔出五个部分，也可实现几十种不同的灵活组合方式。其中，中央书桌部分全部封闭可形成一个上部透光的"静室"，虽不能阻隔声音，但能彻底屏蔽外界视线。通过这样的排列组合，可供 1~6 人同时工作，实现居家办公需求。

考虑到方案的居家工作属性，尽量使用白色和灰色处理界面，在凸窗前设置面朝户外的工作台，书架和开放式桌膛，形成室内的景观中心。因为特殊的设计需求，使用了之前一直尽量避免的"可变家具"，但尽量限制其使用场景，实现功能最大化的同时，带来空间感受的提升。这也是一个极限控制造价的设计。

**九间院宅**
**9-room House with Yard**

该方案为某联排别墅室内设计。项目所在居住区是以江南园林为卖点的地产开发，建筑密度很高，每栋房屋都有高达3米的围墙，独门独院，彼此隔绝。用户从地下室直接入户，曲折的小区内道路较少行人，虽有街巷的样子，却无街巷的实质。户内庭院为开发商赠送，植物景观都在入住前配置完毕，不能随意改动。庭园设计品质尚可，但也迫使室内设计采用某种"新中式"的设计语言，与小区整体的园林特征相呼应。延续"棱镜宅｜翟女士家"的设计思路，取"园林"最抽象的"空间复杂性"为空间营造的目标，在相对局限的现代套型中制造视觉上的"渗透"和"错综"。除此之外，基本剔除了具象化的"中式符号"和"园林形式"，改变分隔方式，改善空间格局，在满足使用功能的同时一定程度上实现"园林化"，提高生活空间中"景"的密度和质量。首层入户客厅与餐厅连通，设计中抬高了餐厅的地坪，又降低了天花板的高度，通过一个巨大的"洞口"与客厅相望，使餐厅"舞台化"。用来分隔餐厅与客厅的洞口下方是长长的工作台，男主人早餐前会在这里处理工作，在餐厅一侧则成为条凳。八边形大漆棱柱和小青砖铺地，是有限的具有园林意象的设计元素。厨房东侧，通往后院的角部打开，成为一个空的转角，栽种一株植物。

整个设计最为"缠绕"的部分是二层主卧室和书房之间的过渡部分。它利用二层楼梯间、卧室前室、衣帽间和隔墙开洞，制造另一个更复杂的"棱镜"，改善了两个大而无当的房间的格局，并为移动中的使用者制造出层出不穷的"内向之景"。本来无效的空间分隔，此时成为彼此呼应的镜中之园。像一层厨房转角处的植物一样，二层卧室前区一块零余空间中栽种的小树与庭园遥相呼应，代表自然进入室内。利用5米高的地下室层高做出一个夹层，为通高工作间带来一点表情。

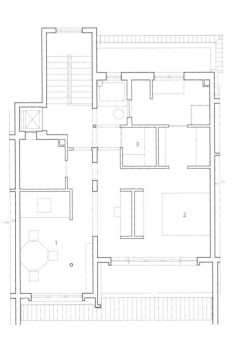

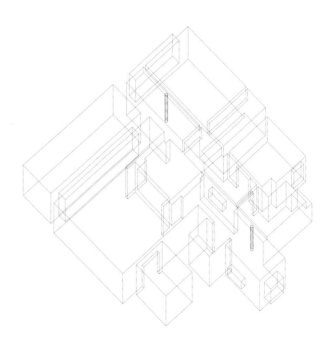

树塔居
Tree and Tower House

叠宅 | 高老师家 I
Folding House: Prof. Gao's Home I

小大宅 | 李医生家
Scale House: Dr. Li's Home

棱镜宅 | 翟女士家
Prism House: Ms. Zhai's Home

高低宅 | 高老师家 II
Step House: Prof. Gao's Home II

小山宅 | 李先生家
Small Hill House: Mr. Li's Home

大山宅 | 张女士家
Mountain House: Mrs. Zhang's Home

三一宅 | F 先生家
Triplet House: Mr. F's Home

卍字寓所
卍 House

九间院宅
9-room House with Yard

囱宅 | 张女士家
Chimney House: Ms. Zhang's Home

六边庭 | 禾苗展厅及办公空间
Hexagonal Court: Homerus Shop & Office

舷宅 | 张先生家
Sailor House: Mr. Zhang's Home

北京房子
Beijing Houses

舱宅 | 毛女士家

Cabin House: Ms. Mao's Home

毛女士和吕先生家里住着六口人，包括夫妻俩、三岁的小澍、外公外婆，还有一位住家保姆，除此之外，还有一只和尚鹦鹉、四只龟、一些鱼和花需要安放。这些花鸟鱼虫对吕先生来说至关重要，特别是那只鹦鹉，就像家人一样，当然龟和鱼也都不能忽视，最好安排在一起，大家其乐融融，彼此随时都在对方的眼皮子底下。真是一个中国式的大家庭啊！这是毛女士家独特的设计要求，我们的空间规划就按这个来落笔。把大家都放一起好说，毕竟有个五六十平方的大客厅。可问题也就出在这里：太大的单一空间容易显得空旷，反而失去了位置感和领域间对话的可能。

户型是个大平层，但由于剪力墙结构的限制，客厅南侧的墙壁将整个平面分成南北两部分，彼此缺乏真正的沟通。想要在两个部分之间建立空间关联是挺难的，那就只有建立视线关联。在最初的方案中，我们将入口部分扩大，做出一个门厅、一个枢纽空间和一个小小的书房，从客厅到卧室经过好几次空间转换，明暗节奏交替，虽小但有趣。结果开工当天，图纸被物业一票否决了。我们据理力争，图纸他们早就审过，而且确定是按物业提供的结构图进行的墙体调整，完全没有碰主体结构，但没得商量，就是不行，只得重新来过。

图 1: 客厅入口的鸟笼和台阶 ＜
图 2: "舱宅"改造前后平面图 ∨
1 起居室 /2 卧室 /3 餐厅 /4 书房

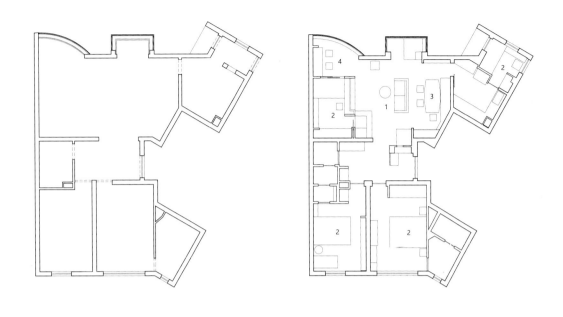

图 3: "舱宅"空间关系轴测图

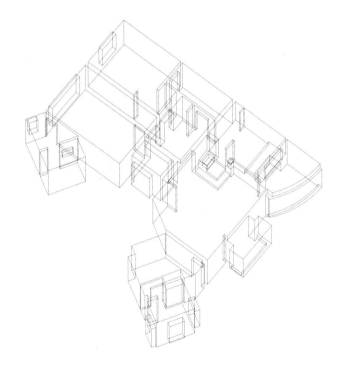

的确令人恼火，但实际项目中或多或少都会遇到类似问题。线性空间序列被
破坏殆尽，那核心空间的重要性就更加凸显。我们保留了方案初稿中鸟笼的
位置，使它成为不折不扣的全屋中心。鸟笼挨着玄关，玄关通过一道毛玻璃
屏风与盥洗区毗邻，屏风的侧面就是鸟笼的一条边，在这里做了个小方窗，
回家就可以隔着玻璃跟小鸟打招呼，从客厅也可了解玄关里发生了些什么。
除此之外，客厅就是一个相对完整、自成一体的开放空间了。

图 4: 客厅全景（东南方向）⌄
图 5: 客厅北侧的养殖阳台和窗景 ＞
图 6: 客厅中高起来的儿童房间 ＞

图 7: 客厅全景（东北方向）≫

男主人作为自媒体创业者，很多生活场景都是围绕电视展开的。这里是直播间，
也是影音室、游戏厅和聚会空间。因此不仅要有舒服的沙发，也需要环绕立
体声、各种数字游戏设备和电视盒子。这个空间理应位于起居室中央，并在
沙发和电视之间留出通往其他部分的通路。套型的主要朝向是西北—东南，主
入口在沙发区东南居中，入口右边就是鹦鹉的家——一个不锈钢和玻璃制作
的顶天立地的大鸟笼——在北京市的重要地段占据了 1 平方米的使用面积。
入口左侧是一组迭落的台阶，通往小朋友的房间。

设计开始的时候，小澍还很小，在爸爸妈妈房间里摆一张小床。随着他慢慢长大，独立的房间是必须的。我们把这个房间放在客厅西南角，把它抬高650毫米，成为全屋的制高点。小床向着露台和大玻璃窗，有很好的视野；书桌朝向客厅，能看到全家人其乐融融的画面，又自成一体，下面是客厅的电视区。小澍房间的入口是层层叠叠的大理石台阶，嵌入一个会发光的草缸，连着一排大衣柜，像船长的驾驶舱。在最初的设计中，我们甚至为这里配了一个单筒望远镜，头顶的梁上摆满了历次出海的"战利品"，包括鹦鹉螺、美人鱼和海绵宝宝。新冠肺炎疫情期间长大的小孩子，以这样的方式做环球旅行。房间有自己的推拉门，朝向阳台有推拉窗扇，朝客厅有竖向百叶，需要封闭的时候可以成为独立房间，全部打开就与周围都连通了。

沙发区西侧的阳台是被当作小书房使用的，一面墙都做成了书架，有宽大的电脑椅。但这里其实也是洗涤区，洗衣机和干衣机嵌入小床下方。弧形落地窗为这里带来辽阔的视野，也成了晾晒的最佳场所。功能上是潮汐式的，白天洗涤晾晒，晚间变身书房。

沙发区西北向，正对鸟笼的位置，是一个独立阳台，规规矩矩，小巧玲珑，从一开始就被当作花鸟鱼虫的养殖—展示场所。低处设置龟池，与下水连通，自带清洁设备；中间嵌入鱼缸，高处养花草：一个立体的微型植物园，小朋友的家庭自然历史博物馆。为了完成这个重要的使命，我们设计了一个三层的钢架，根据缸、盆、池、罐的不同形态，妥善留出位置，既要解决承重和防水，又要考虑换气和照明，不亦乐乎。可以说，一个小小的立体养殖区，花费的设计心血不亚于一整套厨房。钢架腿太细，则不足以承重鱼缸；太粗，又让花鸟鱼虫角不够透气。与结构专业和不锈钢厂家反复讨论，最终选择了 5 毫米厚的铁板刨槽折弯，自制大承载力的角铁，为花鸟鱼虫搭起了骨架。

图 10: 客厅的花鸟架和置物架 ∨
图 11: 餐厅一角 ＞

沙发区东北角是通往厨房的道路。这里有一面开架，放着主人家收集的纪念品和小物件。沙发区正东是餐桌，利用吊顶高度变化做出温馨的角落，配合卡座和东侧角落的胡桃木餐边柜，共同营造出一个全家聚餐的和乐氛围，可供 6~10 人一同就餐。其实，这里也可以作为日常活动的核心。有些家庭延续着旧习惯，以电视和沙发为客厅的核心，有些家庭已经转变为以大餐桌为核心。既然空间足够，那就两个都要吧。

现在我们绕回到入口，来聊一聊小鹦鹉的家。小草是一只和尚鹦鹉，羽毛翠绿，性格傲娇。它个头不大，家当很多，玩具琳琅满目。小草吃饭、喝水、游玩、上厕所，分别需要怎样的空间呢？这是鸟笼设计的初始问题。在最初的构想中，鸟笼框架简洁明快，大玻璃和钢丝门，中间放一根或几根大树枝，上边缠绕玩具、放置饮食点位，变成一个微缩自然环境。但是这带来的新的问题，小草空投不准，业主画来了小草排泄瞬间的示意图，来说明纵横交错的树枝会如何让鹦鹉豪宅变成大型厕所。最后，我们在玻璃和墙上开孔，嵌入预埋件，用最简单的方式，拧上了小草的食盒、站架和玩具。笼门上的通长钢丝，也成为了小草的爬索，毕竟众所周知，鹦鹉是一种"爬行动物"。

这么一布置，起居室可以说是其乐融融了。坐在中间的沙发区，身后是餐桌边传来的欢声笑语；抬起头，小朋友在"舱体"中做功课；向左看，鹦鹉在笼子里跳上跳下；向右看，乌龟在池边打瞌睡，鱼儿在花草的枝叶下自在畅游。完整的大空间以沙发区为核心划分出似有若无的八个区域，将家庭生活的主要功能组织在一起。男孩小澍站在最高处，将这一切尽收眼底。他还小，房子的设计和建造过程大概率不会留下什么印象，但这个家必将伴他一道成长，像大船陪伴满怀憧憬的小船长。

树塔居
Tree and Tower House

小山宅 | 李先生家
Small Hill House: Mr. Li's Home

舱宅 | 毛女士家
Cabin House: Ms. Mao's Home

叠宅 | 高老师家 I
Folding House: Prof. Gao's Home I

大山宅 | 张女士家
Mountain House: Mrs. Zhang's Home

六边庭 | 禾苗展厅及办公空间
Hexagonal Court: Homerus Shop & Office

小大宅 | 李医生家
Scale House: Dr. Li's Home

三一宅 | F 先生家
Triplet House: Mr. F's Home

棱镜宅 | 翟女士家
Prism House: Ms. Zhai's Home

卍字寓所
卍 House

舷宅 | 张先生家
Sailor House: Mr. Zhang's Home

高低宅 | 高老师家 II
Step House: Prof. Gao's Home II

九间院宅
9-room House with Yard

北京房子
Beijing Houses

囱宅｜张女士家

Chimney House: Ms. Zhang's Home

张女士在北京从事金融行业，房子是一个人住，偶尔父母会来；工作繁忙，早晨 7 点多起床，晚上回家后要工作到 10 点左右，周末经常会有电话会，一般只节假日的下午会有无所事事的悠闲时光；偶尔朋友们结伴来玩，需要宽大明亮的客厅；又有居家办公的需求，因此，客厅里需要有摆弄电脑、开视频会的地方。

在任务清单中，业主给新居的定位是"简约、明快、温暖"。但房子的现状跟这三个词不沾边，这是一座塔式高层公寓的朝西一户，被划分成大大小小五个豆腐块一样的房间和一个小黑厅，五扇窗户都朝西或朝北。若要简洁明快，就须拆除墙壁，打破现有房间格局，让视线和空气流动起来。经现场勘查，确实具备这样的条件，因为是框架结构，内墙全部是隔断墙，只是厨房位于房屋中央，特别是烟道，竟位于整个套型的几何中心。

因此，要实现开放格局，最大的拦路虎就是这个矗立在房屋正中的烟道。它不能移位，也不能收窄，更不能拆掉。但是，对于设计来说，最有趣的地方恰恰是这些匪夷所思的限制条件，让每个小家都与众不同。

近年流行大起居室，很多套型里都有宽 4.5 米以上、长 10 米以上的客餐厅一体化空间。然而它很不好用——面阔过大无法塑造围合感，进深过长中部光线昏暗。为了搞定大敞厅，我们经常要在中部置入"大家具"，人为制造分隔，让空间向身体压缩过来，并塑造层次。张女士家保留那个成 45 度角的小卧室和东南角的卫生间，其他隔墙全部拆除，呈现出来的是一个近 50 平方米的近乎方形的大起居室，它的中央区域也很"深"，难于利用，而这个烟道恰好塞住了这块无用空间，为它提供了一个核心。同时户型两面有窗，主体空间的照度还是不错的。窗外是常见的高层小区庭院，还有老房子坡屋顶。以及不错的树木和满是爬山虎的围墙，采光和景观都可圈可点。于是，围绕这个烟道来组织空间，就成了一个必然。

一般来说，烟道是户型中的消极空间，设计师会尽力把它隐藏起来，其他如管井、吊顶、风道，作为城市住宅的"生命线"，一方面无法割舍，另一方面又唯恐它们暴露在外。在做这个项目的时候，我也同时在北京坊做一个展览，名字就叫"北京房子"。我们把城市中的物质现实条件看作大自然，顺应它、因借它，来保存多样性，培育"日常风景"。而管井和烟道，就成了可资因借的条件。闭上眼睛，想象这根烟道在人们看不见的地方，从一家连到另一家，最后冲破楼面，向天空打开，再想想水管从遥远的水源地穿过乡村进入城市，通过密集的地下管网钻进楼体，像大树一样分岔，连接到每一个家庭，就觉得是一件不可思议的事情。城市就像一个有机生命体，内部有血管和神经，又通过根部相连。

撇开种种比喻不谈，单看烟道的形态，它在坚硬的、到处都是物理分隔的楼体中，居然创造了一个内向的连通空间，虽然秘不可见，但扎扎实实地存在着。它是城市空间无数彼此嵌套的虚实转换的最后一环，好像被蛋壳和蛋清包裹着的蛋黄。让它显现在家庭的核心区域，是多么有意思的一个反转游戏。孤零零地矗立在那里，它就依然是消极的，于是把它用不锈钢包裹成椭圆形，让柱身在 75 厘米高的地方自然流淌下来，成为一个"烟道餐桌"。这是一个关于藤蔓的想象，一个金属的赘生物，实现着日常生活的两个功能——一外一内，一隐一显，都与饮食有关，彼此互为条件。理想状态是使用镜面不锈钢表面，这样人们围绕着柱子在不同的方向吃饭，都可以从柱子里看见自己，而不是对面的人。当然如果你偏偏头，也可以互相看见。柱子成了分隔物，但又将整个房间弯曲地映照出来。烟道就这样充当日常生活的映像，即使不会记录下什么，但会让以往被忽略的变得可见，就像烟道本身。

烟道就这样成为一个"装置"，但它又是反艺术的，因为它承担着"排烟"这种隐秘的实用功能，又不可移动。理论上，艺术品不仅不应承担实用功能，还得可移动、

图 1:"卤宅"改造前后平面图
1 起居室 /2 卧室 /3 餐厅 /4 茶室

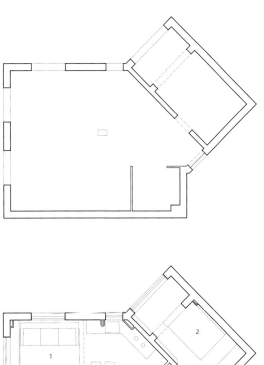

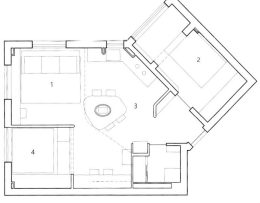

图 2:"卤宅"空间关系轴测图

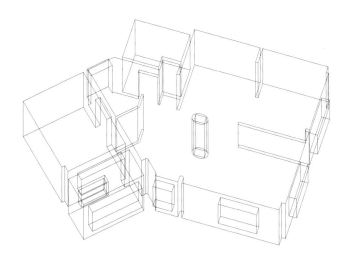

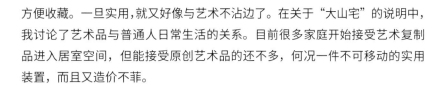

方便收藏。一旦实用，就又好像与艺术不沾边了。在关于"大山宅"的说明中，我讨论了艺术品与普通人日常生活的关系。目前很多家庭开始接受艺术复制品进入居室空间，但能接受原创艺术品的还不多，何况一件不可移动的实用装置，而且又造价不菲。

经过一番比较权衡，最后选择了用拉丝不锈钢取代镜面不锈钢，用木餐桌取代不锈钢餐桌，柱身预埋钢撑来托住桌板，二者之间留出 5 厘米缝隙，来容纳电源线，使餐桌也可方便地变身为工作台。柱身上方屋顶向下弯折，内嵌灯带，为桌面提供照明。顺着这个思路，餐厨区的吊顶与客厅相接的部分向上弯折，并与屋顶脱开。从客厅看，整个餐厅像电影里飞船的舱体，椭圆截面的柱子也获得一种向上流动的态势。通过调整材料和做法大大降低了造价，但也一定程度上失去了原始设计中那种令人惊异的陌生感。人们到底愿意为日常生活中那些"非必需"的部分付出多少？这一直是个令人困扰的问题。

泰国的"曼谷民俗博物馆"（Bangkokian Museum）有一间主人大屋，靠一根中心柱将房间分成四个象限，分别容纳玄关、客厅、书房兼化妆间，以及一张完整占据 1/4 房间的架子床，既规范又灵活，非常迷人。它也是两面有窗，正午时分屋子里洒满了阳光，家具都是柚木，整体格调是昏暗的，然而正是这种昏暗，让光线下的物品熠熠生辉。

张女士家的起居室，因为烟道餐桌的存在也自然划分为四个象限。西北角两面临窗的位置是客厅，一道隔墙限定了它的宽度，让沙发和电视保持合适的距离。东北角连接着 45 度角卧室的区域原本就是厨房，通过一道斜墙与入口区域隔开，后面嵌入一个玄关柜。东南方向是书房，长长的宽大的书桌，上面是连续的开放式书架。最后，在起居室西南角，是一间高于地面 40 厘米的炕间，必要时可以完全封闭起来，成为临时卧室。这里也承担着家庭主要的储物功能。

就这样，起居室围绕餐桌成为一条环线。休憩、就餐、工作和休息，四个象限彼此相连，又各自独立。设计中一个非常重要的工作就是让它们保持连续，而不是截然分离，从而保证起居室的完整感。我们着意刻画了很多水平线条，去连接各个部分，特别是在视觉相对紊乱的厨房区域，在橱柜、窗子、管井和冰

箱带来的大量竖向线条之间，保持了空间的水平流动感。在这个考虑之下，餐厨区流线型的吊顶就成了关键要素。它连接着四个区域，让空间成为一体。在墙面 45 度转折的区域余留了一些无法通过直角材料缝合的缝隙，施工方打胶填充，我们把胶去掉，用一些定制金属构件来填补，戏称为房子的"金缮"。

213

至于东北角那个小小的卧室，就留下来成为一个几乎独立于起居空间之外的独立区域，成为这个家庭中的私密港湾。除了一张舒服的大床，这里还有一台壁挂电视，阳台上有一个漂亮的梳妆台。宽大的窗台不仅可以摆放花瓶，还可以放水杯、餐盘、手机、电脑、ipad、switch，总之一个宅女需要的一切都应有尽有。与客厅的"简约、明快"相比，这里的气氛可以说是"温暖"的。餐桌居中的环绕式布局，我们曾在"卍字寓所"中首次尝试，可惜没能实现，这次以不同的方式实现出来。对小户型而言，这是非常有效的布局方案，可惜不是经常有条件实施。即使这个烟道没有被改成餐桌，管井也不会改变位置，设计也不会有更好的策略，但烟道到底变成什么，以及随之而来的整体格调和气质的把握，依然是颇费心思的。希望业主能好好珍惜这份用心。

树塔居
Tree and Tower House

叠宅 | 高老师家 Ⅰ
Folding House: Prof. Gao's Home Ⅰ

小大宅 | 李医生家
Scale House: Dr. Li's Home

棱镜宅 | 翟女士家
Prism House: Ms. Zhai's Home

高低宅 | 高老师家 Ⅱ
Step House: Prof. Gao's Home Ⅱ

小山宅 | 李先生家
Small Hill House: Mr. Li's Home

大山宅 | 张女士家
Mountain House: Mrs. Zhang's Home

三一宅 | F 先生家
Triplet House: Mr. F's Home

卍字寓所
卍 House

九间院宅
9-room House with Yard

舱宅 | 毛女士家
Cabin House: Ms. Mao's Home

囱宅 | 张女士家
Chimney House: Ms. Zhang's Home

舷宅 | 张先生家
Sailor House: Mr. Zhang's Home

北京房子
Beijing Houses

六边庭｜禾描展厅及办公空间

Hexagonal Court:
Homerus Shop & Office

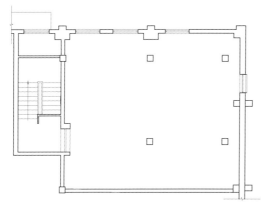

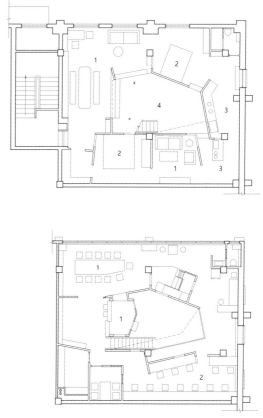

禾描是实木家具定制领域的初创企业,与我们通过项目合作认识。2022 年初,两位合伙人决定将公司迁往朝阳区的首创郎园 Station 国际文化社区,那里汇聚了一大批设计领域的新生力量,是北京时尚文化的风向标。场地位于园区北部一座工业厂房的二层,有独立出入口。业主希望这个展厅未来满足以下需求:产品展示与售卖;业务洽谈;日常办公;小型活动及酒会;产品拍摄等。

房间面积不大,中间有四根粗大的钢柱,撑起南北向双坡屋顶。北侧窗均在靠近楼板位置,东侧有两扇高窗。沿屋顶边缘有金属立封板,可以拆除。园区对设计形式的管理较为宽松,仅需满足消防疏散等技术要求。这么小的房间里容纳这么多功能,即使利用层高

做夹层,也必须灵活布置,让功能房间与交通空间互相借用。禾描展厅的产品主要是家具,需要场景化布置,有客厅、卧室、书房、餐厅、厨房,加上卫生间,跟真正的家庭差别不大。但如果真的伪装成家居套型,又失去了展厅应有的序列感,失去了公共属性。我们希望这里让人联想到家居环境但又拉开一点距离,在似与不似之间。与业主讨论,展示销售功能集中在一层解决,二层用来做业务洽谈、会议和办公。

第一次去现场是飘着清雪的冬天,房间空而高,南侧顶部悬着巨大的洋铁皮通风管。很难想象这里将来变得过度紧密、亲切和暖调。年初二,一个人在办公室画草图,我设想这种"空而高"的感觉可以部分地保留下来,成为展厅气质的源头。如果家具展区集中布置,

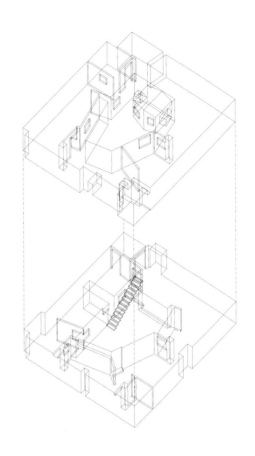

就会成为常规套型的复制品,不如沿周边布置,中部空出,利用屋脊 6 米的高度成为一个垂直的"内庭院",用素抹灰墙壁来区隔空间、划分领域,再在墙上开方形洞口,建立视线关联、增加层次。这样就可以实现一种内部的虚实对比,不必仰赖小小窗口外干巴巴的园区环境。做个"内庭院"的想法颇为常规,关键在于,庭是怎样的庭,复杂的功能如何在"庭院"周边那一圈有限的空间中加以妥善安排。

图纸上东侧高窗的位置吸引了我,这个庭,最好能接受来自这两扇窗的光线,其他窗都朝北,这里是唯一能被太阳直射的窗,虽然太阳升起的时候还没有上班,但阳光从高处照进"内庭院"的场景还是颇为诱人的。如果仅有的一缕阳光不能照进中庭就很遗憾。如果中庭是个规矩的长方形,那么周边空间就会有相同面宽,客厅不足卧室又过剩,不如采用不规则形状,于是画出一个六边形,东西两条边分别平行于东西墙,南北方向各折动一次,上下层墙壁略有错动,为办公区制造出一个"小阳台"。"庭院"地坪比周边展厅高 300毫米,要几步台阶,中央采用小青砖铺地,与周围白墙一起烘托室外感。"庭院"的东北侧留一面白墙,可以用来投影、组织小型的聚会或发布会,人们可以站在通往二楼的钢梯上、二层露台和东侧平台上,或在庭院中席地而坐,这几个面都保留了很多停留观看的区域,形成一种半围合的形势。经此处理,"庭院"的高宽比更大,可以使用至上而下的全局照明,配合东侧自然光,让它更像一个室外的内庭院,其他功能房间则对应室内,对庭院形成围拢。

中庭二层西侧，展厅主入口上方，原计划做一棵金属的"树"，枝杈上是层叠的树屋，供孩子攀爬，制高点是一个双人对坐的茶席，可以摸得到屋脊。出于造价考虑，这个想法未能实施，改成平台上老老实实的多层板小木屋。屋顶悬下四个不同高度的球灯，给中庭提供照明。

从北小街入口进入，先要下三步台阶再上四折楼梯，颇为不便。不如搭个小木桥，左侧利用梯段下空间做展示橱窗，右边拉一道斜墙标识进入方向，桥和斜墙间隙种几株绿植，访客经由曲折山路到达山腰客馆，推开大门，先是压低的迎接空间，透过左前方两根钢柱瞥见中庭一角。展厅分布着各种木色，中庭是青砖和粉壁，远近洞口露出蕉叶竹枝，虽然各处照明色温一致，但在环境光影响下，室内和中庭判然有别。人们不管在交谈、游览还是工作，都能透过洞口看见中庭和对侧房间里的灯光和人影，让这里成为一处清幽的所在。

施工结束，发现傍晚时分阳光会从北窗进入室内，徘徊 1~2 个小时，说明房子并不是正南正北向，而这多出来的一缕夕照，给内庭院带来了太多美好的感受。城市人一天大多数时间待在室内，靠"庭院"的想象毕竟不能代替身心对风光雨露的渴求，这缕光提醒我们，应该去亲近真正的自然才对。

图 8: 中庭的墙壁、洞口和植物 ∧
图 9: 楼梯下的绿植和洞口 >

227

# Sailor House: Mr. Zhang's Home

初次踏勘，工作室方案成员小组好似水草丛里的游鱼，在隔墙、门洞、花梨大柜、藤柜、罗汉床、儿童床、家长床、置物桌、学习桌、博古架、杂物架以及无数的玩具中找缝隙穿梭。最后一起站在阳台上，全屋唯一的通风及采光窗旁，聊起了房子以及业主家庭情况。这是一栋 20 世纪 90 年代中期的高层住宅，格局类似老式筒子楼，一条长长的走廊，串联着东西两边的住家。如此的排布方式注定了房子只有单侧采光，而无对向通风。阳台有独立的铝合金隔断，加上室内用以区分厅、厨、卧、卫的墙体，几道屏障下来，自然光被完全阻隔，空气也凝滞起来。

"窒息。"男主人无奈地说道，"每天晚上，都因为氧气不足而被憋醒。卫生间也排风不畅，卧室没有空气，只有臭气。"后来在阳台上立了一台大功率新风机努着劲往里灌风，情况略有好转，却依然无法解决根本问题。再者，孩子大了，"我们就希望他要做点什么自己的事，哪怕是跟家长赌气了，把门一拉，就能有自个儿的空间。"这些年来，因为没有落脚的地儿，小孩没喊过同学，大人也从没邀请过朋友来家里做客。家乡的老人，提到北京直连连摆手，"跟坐牢似的，再也不想来了。"

## 四个象限

问题棘手而清晰。无论是从屋里的极大物质密度，还是阳台的花草上，都能看出全家人对于生活的热情。简单来讲，我们要做的，是在有限的空间里，解决光与空气这些根本的物理要素之余，将业主对于"家"，不断堆砌的爱意和浪漫想象进行规整。

首先要做的，是布局上明确功能，不混淆，不暧昧。尤其在处理小户型问题上，反而不需要创造多功能空间。功用模糊，势必造成肠肚拽曳，纠缠不清。寝、食两大功能最为基本，需要认真妥善地对待。分别被设计成了两块集约的装置体，呈对角线，落在屋子西

北以及东南把角上。余下两道空处留给玄关与客厅，清晰地将主屋分成四个象限。生活之下，身体、行为和目光，都是流动的。因此，这种明确并非要将各个功能孤立，而是让他们互相成为彼此的风景，让房子在视线和感受上，保持"大屋"的状态。

## 水手的大床与独立的小孩

位于第二象限的床体，是全屋最重要的置入式大家具，整个团队处理得颇为谨慎，进行了多稿推演，最终采用了水手式剖面。剖面逻辑很简单：一层并着 1.2 米儿童床与 60 厘米厚衣柜，一同架起二层 1.8 米大床。床的核心体向东错动 60 厘米，留做上行踏步以及储物龛。同时，自北向南让出 1.2 米，这段空间完全留给孩子。

在这不大的空间里，小朋友拥有一张 2.8 米大长桌，墙上配洞洞板，足够他写作业、做手工、玩模型。桌下设置两层搁架，放置书籍和玩具。床侧的小木门与自地通顶的对角推拉玻璃门可以将这一方天地完整地给围合起来，成为自己的小王国。小孩子往往都喜欢拥有一处自己的秘密洞，最常见的，是躲在被子里或床下，漏出一个小缝隙，想象自己是了不起的狙击手，向外窥视，保密之余，信息流通。这样的童年快乐自然要满足：冲客厅一侧，安装了一只游艇舷窗，用来瞭望敌情；玄关这边，定制了一只 40 厘米见方小木窗。摆在窗旁的植物，便是他屋外的树林。透过小林，小朋友能望见自己的钢琴，这是他的大后方。

二层的大床，则拥有船长一般的视野。

图 1："舷宅"改造前后平面图
1 起居室 /2 卧室 /3 玄关 /4 餐厅

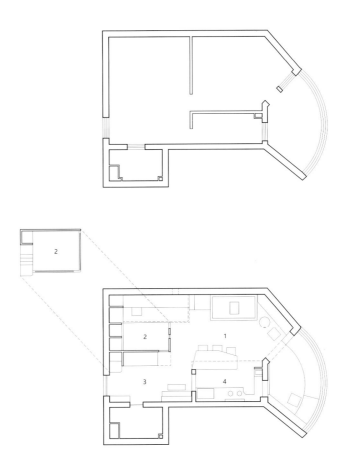

图 2："舷宅"空间关系轴测图

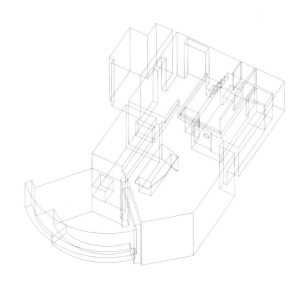

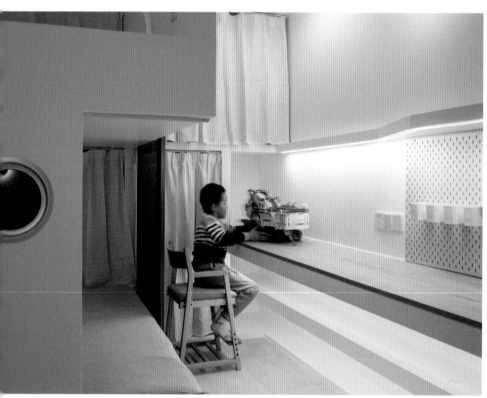

## 有风景的玄关

大床装置余下的空间，成为第三象限，为我们自然留出了一处颇为宽敞的玄关。除了满足更衣换鞋的基本需求，这里也是一处重要的交通核心枢纽，包括二层大床的上行踏步。下班或放学，推开门那一刻，看到的景象，很大程度地影响着回家的心情。我们在这里设置了一道最丰富且最远的视界。远到可以打穿两道洞口，越过厨房与阳台，一直把视线丢到天边。洞口旁弹琴的孩子，厨房里做饭的母亲，阳台上蹦跳的鸟儿，三重天地，都可以是这一框风景中的一部分。

衣柜在床下浅浅退让出 60 厘米，一来给小朋友床边留出窗口，二来可以让视线更顺利地从玄关滑向客厅。其看似无用，却是全局的焦点。适逢六边庭在办绿植联展，诸多花草中，认真选得了一盆形态、枝桠、高度都匹配的百

240

合竹立在此处，摇曳四方。小儿的树林、玄关的屏风、客厅的盆栽，厨房的点翠，她是每一个空间里，不同意义的景致。

## "食"与"视"

整个屋子右半边为家庭公共生活服务。厨房位于第四象限，改造前，狭长逼仄，只容一人回身。这次在操作上，我们不止将厨房打开，还给了此处首领视角：西可查入口望来兵，东可目远纵观天象。负责下厨的那位，才是家里的大将军。这下就可以有条不紊、气定神闲地指挥"余部"围在中岛上帮厨了。若遇着灶上烹炸爆炒，拉上帘子，关了百叶，便可以倏地变成封闭式厨房，减少"战火"扩散。

第一象限客厅主位上，保留了业主曾经的花梨罗汉床。这儿被书架围着，是一个懒着看书的好去处。倘老人来了，便是一个临时睡觉的地儿。对面中岛上方的吊顶里，藏着投影幕。每周五晚，放下幕布，灭了灯火，一家人倚在罗汉床上，便是爸爸组织的电影之夜。

中岛，作为吃与看的交汇处，成为起居的核心，我们特地设计了一款长灯将它照亮。中岛够大，哪怕多来了几位客人，打牌、涮火锅也没问题。

**母亲的"角落"**

妈妈娴静，爱写诗，要求并不多，只淡淡地提了一次：有时候，我也想有一个自己的角落待一下。我们将这个"角落"留在阳台。过去这里主要是小朋友的琴房。挪走了钢琴与杂物，沿弧形窗定制了软包沙发及带实木面板的书桌。与客厅之间，以一小茶龛为界。无论是一人坐在桌前涂画，倦在榻上发呆，还是邀好友二、三，沏茶环坐闲聊，都好。落座下来，透过洞口仍可观察厨房动静，留意小孩嬉闹。窗外云霞雨雾，永是一幅变化的长卷。

眼前与身后，这便是母亲温柔的操持和心怀的远方吧。

**气流与舷窗**

通过对大格局的调整和功能之间的留隙，房间里的空气流通已经顺畅大半。好的风路设计，能够让业主彻底摆脱没有新鲜空气的困扰。户型整体层高有限，需要用最集约的管路来解决送风问题。新风机竖向紧贴弧形窗安装，沿墙壁引入厨房吊顶，与油烟机排烟管在 Z 轴上错开。自盘管分流，两路吹向客厅，两路送往玄关，使房间主体处始终处于有新风的正压环境，配合排风扇及油烟机创造的局部负压，可以抑制卫生间及厨房的气味溢出。

儿童房位于把角，容易窝风。我们则在墙侧高处打开一个直径 20 余公分的洞口，用轮船舷窗作为开启扇。洞口虽不大，基本和普通风管需要开的口径差不多，但可以像烟囱一样进行拔风。气流如水流，只要有"漏"的地方，它们便乖乖流过来了。

项目无关大小，所费心力与时间，需要解决的问题都一点不差。落成后，与业主一同的开心和成就感也同样饱满。

小轩屏木能为森森之景，凿壁借光亦可引祥风入境。

树塔居
Tree and Tower House

小山宅｜李先生家
Small Hill House: Mr. Li's Home

舱宅｜毛女士家
Cabin House: Ms. Mao's Home

叠宅｜高老师家Ⅰ
Folding House: Prof. Gao's Home Ⅰ

大山宅｜张女士家
Mountain House: Mrs. Zhang's Home

卤宅｜张女士家
Chimney House: Ms. Zhang's Home

小大宅｜李医生家
Scale House: Dr. Li's Home

三一宅｜F 先生家
Triplet House: Mr. F's Home

六边庭｜禾苗展厅及办公空间
Hexagonal Court: Homerus Shop & Office

棱镜宅｜翟女士家
Prism House: Ms. Zhai's Home

卍字寓所
卍 House

舣宅｜张先生家
Sailor House: Mr. Zhang's Home

高低宅｜高老师家Ⅱ
Step House: Prof. Gao's Home Ⅱ

九间院宅
9-room House with Yard

北京房子

Beijing Houses

北京有数不清的房子。

p.246-251，北京房子，展览现场

城市之大，也是由一栋一栋房子凑成的，房子建成，便以相对长久的方式占据空间，成为城市中的现成物。

从远处看，房子从土地上生长出来，被人占据使用，或经改造增删，逐步衰朽破坏，直至被拆除，又从土地上消失了，仿佛有机生命，有它的自然历程。且看那些房子，只要条件适宜，就会大量出现，好像蘑菇和花朵，各自处在不同的生命阶段，让城市成为一个大花园。由海量的人、海量的物、海量的信息、海量的过往和现实叠合而成的城市片段，都是花园。

从近处看，房屋是现成物。以现成物为素材，顺势而为，基础框架借自平常套型，分区来自对未来家庭功能的考量，家具器物充当花木，烟道管井成为空间雕塑。通过一种"有用的密度"，带来饱满的感官体验，此时"有用"成为"美"的注脚，"合理性"为"体验"背书。在最平常的城市住宅里造园林，打开房门，是每个人的日常风景和属于此时此地的现实生活。

童寯发现："中国的园林建筑布置如此错落有致，即使没有花草树木，也成园林"。王澍认为这句话打破了现代建筑和园林之间的界限。其实城市亦是如此。城市和居室，是人造环境的两极，从大到小，有形有象，有血有肉，只要稍加留意，都可以拿来造园林。

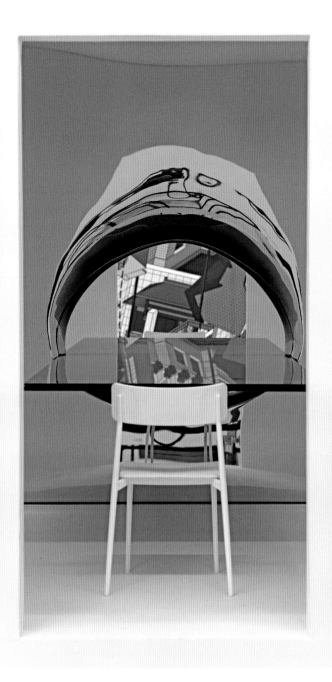

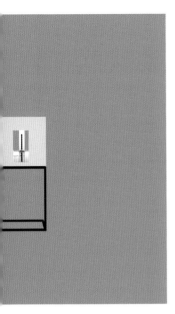
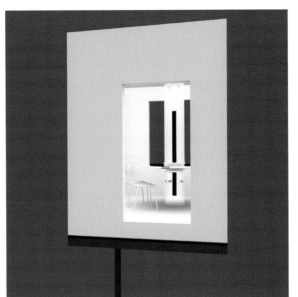

图 1-2: 装置，兔子洞
图 3-4: 装置，烟道餐桌

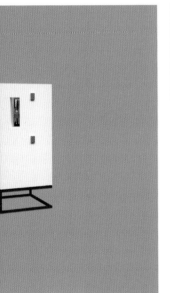

图 5-6: 装置，猫的房间
图 7-8: 装置，光之井

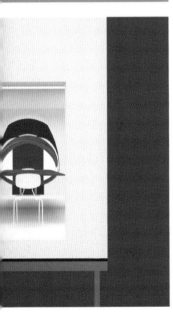

图 9-10: 装置，管井会议桌 1
图 11-12: 装置，管井会议桌 2

# 结语

# Epilogue

居住这件小事

The Small Thing Called "Dwelling"

近日与一位小友闲聊，说起当代中国人的居住，都认为问题不是"量"的供给，而是"质"的提升。她说："生活本身应该是什么样的？这个事值得更多的讨论……这个时代太忽略生活本身了。物质追求没法转换成幸福感。大家都不敢幸福，所有人都不幸福我自己幸福可以吗？会不会不道德？努力的尽头是什么？我们到底为了什么而努力？"

这一连串的追问，在我看来像是时代的声音借一个人的口传递出来。这些年物质生活的各方面都有提升，唯独"居住"本身还是马马虎虎，其根本原因大概在观念方面。我总结，大凡对生活有意见又疏于行动，往往持两种观点。其一：70年产权，相当于一生的积蓄用来租房，不能传代，何必费心？可是人生不是拿来赌气的，70年也已超过多数人的余生，况且对很多城市人来说，血缘宗族早已不是人生的第一要义。其二：向往山里的小房子，却只能住在挨挨挤挤的城市居民楼里，哪有什么风景可言？这个问题可以换算成：普通住宅套型是否具备提升潜力？人们都不敢放弃城市生活，那城市里的居所，是否可以通过精密设计，成为近在咫尺的诗和远方？

古人说"百姓日用即道"。房子是最大的日用品，居住问题中一定埋藏着求道的路径。说"日用"的另一层意思，是告诉人们不要舍近求远，非以为天涯海角才有理想。理想就在每天、在身边。古人又说"嗟余之乐，乐箪瓢些"，我以为不是要人们清心寡欲吃斋念佛，而是要小而美、少而精，爱物惜物，脍不厌细，欣赏生活的"原味"。勒·柯布西耶对极小化生活空间的探索也有此意。马赛公寓本就是城市中的高密度集合住宅，大而有容，小而尽美，是对"多而全、大而糙"的集体无意识的批评，应当从这个层面去认识它。

遗憾的是，建筑学界似乎对个体"生活"不甚关注，一方面是技术规范，一方面是公共空间，将个体淹没了。《建筑学报》近20年以居住为主题的文章有788篇，主要集中在居住区、集合住宅、保障房、设计标准、适老化、产业化等技术方面，讨论生活模式的只有17篇，个体感受几乎没有。个体的问题不受重视，国外的情况也差不多，一线建筑师似乎羞于发表小项目，不愿涉足私人住宅领域。曾被阿尔托、筱原一男等建筑师们用以探索形式语言的私人住宅设计，几乎被放逐到当代建筑学疆域之外了。(图1)

而在强调"内循环、双循环"的今天，有以下几个现象值得关注。

一是城市中心区的人口密度一直在上升，却远未达到容量上限。2017年，上海虹口区每平方公里人口密度达到3.41万人，广州的越秀区则创下人口密度

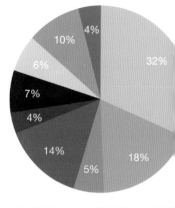

图1：
2000－2020年建筑学报"住宅""居住"相关论文数量占比图

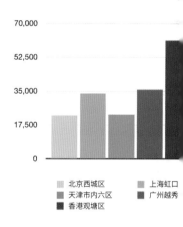

图2：
2018年全国大城市核心区人口密度柱状图

之最：每平方公里 3.49 万人，约是整个广州平均人口密度的 17 倍。即使在文保单位密集、建筑密度很低的北京市西城区，人口密度也达到每平方公里 2.33 万人。(图 2) 中心区房价还在不停上涨，表明人们还是愿意住、愿意投资，也会进一步带动房价上涨和密度提高。随着产权迭代，补充进来的往往是承受得起高房价的受教育阶层，除了交通和工作便利，更多是为了老城区的资源，如教育、文体设施和消费环境等。香港一些中心城区人口密度可以达到 10 万人 / 平方公里，说明内地城市容量还有进一步提升的空间。老城区的基础设施往往已陈旧不堪，新用户回填老破小，必然意味着改造和创新，这也是拉动内需、促使城市从内部、从细胞层面升级的一个重要过程。个体居住的小事，对于城市而言实为一件大事。

二是城市空间提质升级必须内外兼修。首先当然是基础设施的改善，这一步已经初见成效，村村通公路、户户宽带网，中国的高铁和高速公路建设水平也有目共睹。可当人们带着美好愿望返回城市，却发现中心区比村里还要落后。经济发达国家的空间改造，包括路边石和铸铁井盖都是上好的材料、上好的制造工艺、上好的施工水平，都是用财富堆积起来的。发展空间也需要经济为支撑。中国现有的经济发展和投资建设水平有限，解决这个问题尚需时日。实际上，人造环境的折旧翻新对任何城市而言都是巨大的财政负担。宏观上难言精美，微观上反倒先有了可能。以户为单位，房屋产权人对生活空间的投资，间接促进了城市品质的内向提升。

三是房产交易正在从投资转为消费。这件事在政策上叫做"房住不炒"，在经济上意味着巨大的房地产泡沫正在缓慢消退。2000 年，北京房屋均价在 3000 元 / 平方米左右，而到 2018 年涨到 59943 元 / 平方米，20 年间增长近 20 倍。在这样巨大的投资诱惑下，居住功能被大大冲淡，住房成了货币，流通成了第一属性。这件事在 2016 年底的中央经济会议上得到遏制。对普通人来说，房屋的价格趋于稳定，重新回归"耐用消费品"属性。人们对待投资和消费，心态是不同的。投资的时候，力求少投入多回报，寸土必争。消费是取悦自己，可以不计成本，开心第一。所谓的小康社会，重要的转变是人生态度的集体转型，从重视工作到重视生活，伴随着房屋的去货币化和人的去工具化。其结果，必然牵引居住话题重回理论视野，成为设计的发力点。这件事首先在一线城市展开。因为与巨大的购房投资相比，再追加十分之一就可以让生活品质得到大幅提升，购买设计成了一件颇具性价比的事。随着自我意识的觉醒，人们可能会不断追问"属于中国人的幸福生活该是什么样的？"一旦蕴含在个体中的创造潜能被激发出来，用对待"吃"的态度来对待"住"，那"中国式住居"将呈现出另一番面貌。(图 3、图 4)

图 3：
2000 — 2018 年北京市与全国商品房平均销售价格趋势图

图 4：
2012 — 2020 年北京东西城区商品房平均销售价格趋势图

最后，需要讨论在方寸间进行空间营造的可能性问题。因为多数中国人的住所都不具备"独栋"外观，所以"住上好房子"的理想只能在室内实现。它倒逼我们去思考"空间是什么"。这些年从园林出发，我提出"内向视野"和"空间复杂性"问题，认为从第一人称视角出发感受的空间，只有内部，没有外部，人与环境间的有效信息交换，有赖于一个充满有效信息的物质表面。园林就是内向视野的大展演，它的外在形象模糊，难以成为建筑学讨论的对象，但空间意义非常大。推而广之，室内和城市空间也给人提供这样的内向感官轰炸，"独栋"的建筑反而做不到。对"内在性"的讨论，是建筑学的一项重要内容，与古典园林的关系尤为密切，为建筑师在极小尺度上探讨空间问题提供了机会。

以上为居住领域正在发生的一些变化。下面说说我一段时间的实践工作。我对居住问题的关注由来已久，从事实践之前也走了很多地方，比较关心世界各地人们的"活法"。我发现有意思的生活是千姿百态的，但都有丰富有序、具体鲜活的特点。我将实践目标放在"普通住宅、生活设计"这个领域，也是因为它的具体鲜活。只有在这个领域，设计师与客户的关系才接近于一对一的私人交往。设计任务书不管简单几句还是长篇累牍，都脱离了数字的束缚，成为主观的刻画。因为不必考虑"普适性"，甚至有点任性，而格外真实。综合来看，这种"任性"中蕴含着普遍意义。因为"公共

空间"中，人都在刻意强化自己的"公共形象"。只有在私人空间中，面对自己，人才可以释放出多个层次，变得丰富而立体。在私人住宅设计中体现出的"差异的立体"，要比在公共空间中表达的"相似的扁平"更吸引我。

有一定物质基础的中心区回流居民，这个群体值得关注。他们往往受过良好的教育，有一定的生活经验和国际视野，有想象力和艺术修养，乐于尝试，也愿意为生活投资。媒体上有很多"极限爆改"或"乡村民宿风"，跟这两样相比，我更喜欢精密思考、密切协作和适当投入后的耐久感。业主普遍是低调稳健的，他们对"精神投资"的认同感也许在所有人群中是最高的。做为"社会中坚"，他们的需求某种程度上也具有普遍意义。

在面对这一类业主的居室设计中，我主要尝试做三件事：

1. 房屋格局问题：小面宽、大进深的重新规划和类型化处理。

现有住宅户型往往是在 20 世纪 70 ~ 90 年代陆续建成，格局差异不小，但也有相似的地方。例如为了提高容积率，普遍采用小面宽、大进深的长方形户型，

图5
国内不同时期几种典型的房屋套型格局

北京"73乙"型住宅方案
"过厅"出现

1978年唐山小区住宅方案
"小方厅"出现

1980年城市住宅设计竞赛方案
"小方厅"面积扩大

1997年小康住宅设计竞赛一等奖
"起居厅"成为居室中心

改革开放前　　　　　　　　改革开放至80年代初期　　　　　　　80年代中后期

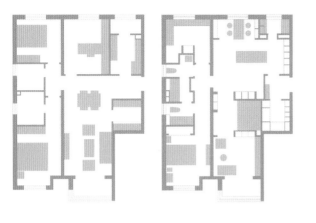

图 6：
客厅为核心的居室布局和工作室模式的居室布局 ∧

图 7：
小大宅平面及轴测 ∨

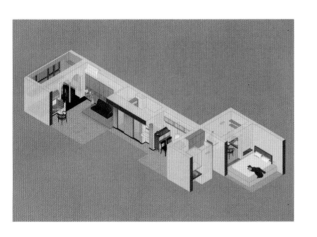

采光面积小，内部光照不均匀。尤其是房屋中部，早期的住宅往往会有一个无自然采光的小方厅，后来的做法是利用框架结构的特点，做客厅餐厅一体的连续开敞空间，客厅大而无当，中部利用率不高。（图 5）现有套型格局以"客厅"为核心，客厅又以电视为核心。现在，尤其是在受过高等教育的家庭中，电视的核心作用正在被手机电脑取代，大客厅也就没有存在的必要了。历史上，无论壁炉、钢琴还是收音机，都曾充当过家庭生活的核心，又一一退出历史舞台。其原因就是信息传播方式的改变。相应地，从大人工作和小孩做功课的需求来看，书房的地位都愈发重要，但老户型基本未予考虑。从新冠肺炎疫情期间的需求来看，小型、分置的多个工作空间成了居家办公的刚需，传统家庭向"有居住功能的工作室"转化，进而行使"信息终端"功能，成为"超居室"（hyper-inhabitation）。（图 6）

再有，目前习以为常的房间类型，如客厅、餐厅、卧室、厨房和卫生间，所谓"中式家庭"的标配，其实并非牢不可破。我在《小大宅丨李医生家》一文中说："现当代的居室布局，一个房间对应一个或一个以上的功能。面积大则浪费，面积小则必须一室多用。客厅里摆一张床、餐厅里放一台洗衣机、阳台上搁一个电脑桌。这样的做法混淆了不同空间的等级，伤害了生活的仪式感。因为场所混淆、内外无分，举手投足随随便便，人就不会很体面。"面积不足、细分不够，这两个问题是互为因果的。加上中央空调、新风机、烘干机、洗碗机、烤箱和蒸箱等新家电逐渐走入家庭，以及卫生间干湿分离的需求越来越精细，传统居室的粗放型格局已经不再适应今天的生活。（图 7）

大进深空间形成了光线相对幽暗的"深处"，居家办公等新条件、新设备都要求更细致的空间区分，这些都促使我思考居室改造中的空间规划问题。但老户型、特别是承重墙、预制楼板的多层老砖楼，改造的余地是很小的。仔细观察可以发现，无论哪个时期的户型，都可以归入有限几种空间类型，推导出几种可行的、有效的改造模式。

2. 空间效率问题：如何将功能压实为房间，在三维上处理使用功能。

户型虽小，承载的使用压力并不小。以学区房为例，夫妻双方加一个小孩，往往还有 1~2 位老人或住家保姆，人均使用面积经常不足 15 平，今后多子家庭可能会更多。随着养育的精细化，孩子成长过程中越来越需要独立的私人空间。这就要创造更多的独立区域，即使不能隔声，也要阻隔视线，提供更多的户内私人属地。与之相应地，是创造户内的"公共空间"以促进融合、避免孤立。无论家里还是外面，孤立化都是掌媒时代的大问题。客观上，户内的空间分化，不只是功能的分离，也是行为的分级。

具体的做法，一是通过归纳整理，将主要功能形体化，独立成局或并入整合的空间体量；二是打破原有的"房间"分隔，通过拆、移、并、转等方式，将空间压实，最大化地利用每一寸面积。(图 8)除平面外，根据层高的不同，在剖面上也进行类似的操作。路斯在室内环境中进行的布置安排（设计空间而不是平立剖面），因为缺少了功能的极限挤压而缺少依据，小户型先天拥有这个优势。2018 年，我在《向心而居》一文中系统地讨论了"大家具"的作用和做法[1]，其实它由一实一虚两部分组成：实的部分就是孤立的、有多个面向的"功能盒子"，好像是从家具膨大融合而来，多方向、多层次地容纳物品；虚的部分就比如每个房子中都有的"榻"或"榻间"，其实从墙壁中分化出来，容纳人而不是物品，其小于房间，将"床"或"睡眠"的功能压到盒子里。类似的负空间也可以用来容纳书桌、梳妆台或盥洗区。在一个未建成方案"蔚女士家"中，它只是独立的书桌，通过移动壁板围成临时性的工作间，半透明的"墙壁"让它介于封闭和开放之间。(图 9)

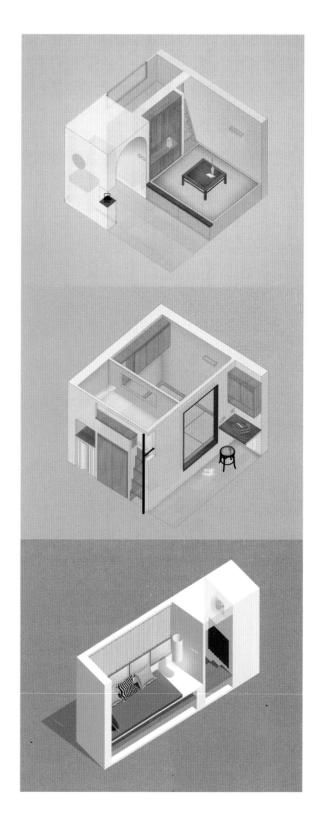

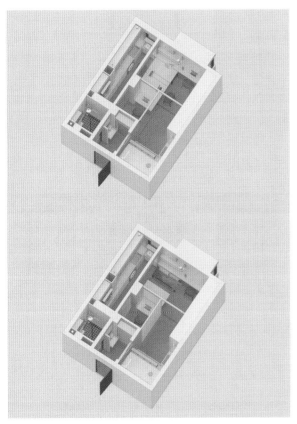

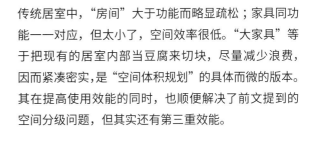

传统居室中，"房间"大于功能而略显疏松；家具同功能一一对应，但太小了，空间效率很低。"大家具"等于把现有的居室内部当豆腐来切块，尽量减少浪费，因而紧凑密实，是"空间体积规划"的具体而微的版本。其在提高使用效能的同时，也顺便解决了前文提到的空间分级问题，但其实还有第三重效能。

3. 审美感知问题：向园林学习，做到眼前有景。

"眼前有景"这件事，一般是针对园林来说的，但我觉得大凡供人使用的空间，都该满足这项要求。翻看二十世纪七八十年代的老照片，虽然物质匮乏，生活的诚意是足够的，视觉上充盈饱满。（图10）90年代后就稀薄了，配饰、灯光、场景，寡淡如隔夜汽水，混合着人造香精和塑化剂的味道。很多日本的居室设计朴素真实，但缺乏风景。品位是毋庸置疑的，刻意地反戏剧性、去中心化，难以移情。密斯的作品也有这个问题。

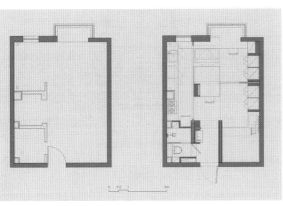

图8：
树塔居、棱镜宅和高低宅的"大家具"轴测图 〈

图9：
蔚女士家的轴测，分别是中央工作室打开和关闭 〈

图10：
20世纪80年代家庭居室内部照片（高清）〉

赵扬在他的书里谈到朱光亚认为园林的核心在系统要素间的关系，他用"拓扑学"来概括这件事[2]。最新一辑《乌有园》的主题是"袖峰与洞天"，也在探讨从"内向视野"感知的"空间复杂性"问题。但我隐隐觉得，事情并不限于拓扑界面带来的运动中的连续体验，人是动静结合的，经典构图和格式塔心理学带来的视觉愉悦，以及柯林·罗在《透明性》一书中讨论的"暗示的空间深度"问题，都可以看作视觉信息通过不同方式作用于人的感官。不同时期的审美传统不是互斥关系，而是瞎子摸象，各管一块，合起来成为拼图。而园林本身就是一个拼图，任何单一的解释都难以窥其全豹。搞设计不是做研究，无论哪种居室类型，有没有风景都是设计师的主观感觉说了算。但在看待园林这件事上，我觉得还是理性一点好，非要把园林放在历史语境中讨论，放在人类学的框架中去讨论，都无法看到它的深处。

简单地说，关系固然重要，构成关系的"部件"也很重要。就像互联网，是由一个个节点和相互连接的方式共同决定的。在有限的居室空间中，也同样存在节点和连接方式的问题，可以粗略地将节点对应"功能场景"，将连接方式对应动态的运动路径和静态的视觉穿透性。循环路径优于折返路径、开放视觉优于封闭视觉，也许都可以从理论上作出解释，尽管这种解释对设计师而言不一定必要。传统理论更多关注静态、讨论节点，当代理论更多关注动态、讨论关系，二者是相辅相成的。

在一个最小化的空间实验"棱镜宅｜翟女士家"中，我尝试把功能布置在四个象限中，通过打开对角线来为视觉扩容。两个相对"实"的区域——厨房和榻间，动作较轻；两个相对较"虚"的区域——起居室和餐厅，动作较大。由于面积不到 30 平方，四个"功能场景"都像是压缩了的房间，或者"大家具"，它们之间通过交通空间的枢纽作用咬合在一起，实现了一种高级别的"链接"，互相借用彼此的一部分[3]。（图 11）在线性的视觉通道中，焦点和路径都是重要的设计要素，如"树塔居"的窗下空间、"高低宅｜高老师家Ⅱ"的抬起的炕桌部分；有时候可以充分利用高度，形成一组上下关系，如"叠宅｜高老师家Ⅰ"那个四向通透的榻空间、"小山宅｜李先生家"的女儿房，（图 12）和"大山宅｜张女士家"两个女儿的房间。在我看来，路斯在讨论空间效率的时候其实是在讨论"眼前有景"，

柯林·罗也是。人们在以不同方式探索同一问题的不同解法。巴瓦"碧水酒店"二层的电梯厅是几个形体／功能的凑合之地，有融合也有区分，处处有景。在极小化的居室空间中，也可以通过节点和连接方式的处理，做到"眼前有景"，通过功能审美化实现空间园林化。

这件事的基本目标是极限压榨现有套型条件，实现使用上的最大合理性；进阶目标是在完成使用功能之外，寻求一种高密度条件下的室内空间美学，实现居室的"园林化"，当然这个园林是抽象意义上的。高密度为原本无趣、无效的空间环境增加了层次；功能的场景化和原有格局的打破，提高了空间趣味，将一些传统居住形态变形后纳入其间；强功能和复杂使用需求为居室形态赋予缘由，设计的出发点不再是单纯的审美意图。最终，这种居室设计是完全基于现有中式套型、基础设施和市场条件，也是设计上的"极限操作"——几乎每寸空间都被高效利用，压缩得结结实实的，实现了物质意义上的"精确"。

社会在发展，人的幸福感追求也发生了变化，在我看来，很大程度上，人对住的幸福感追求更高了。大家都在谋大事、下大棋，没人关注居住这件小事。然而人的体面，甚至社会福祉，可能都蕴含在个体的居住环境中。因为房子就是人的身体和精神的外延。居住是件小事，但它有可能催生一种新的建筑思维。说它新，其实也不新，只是在不同的历史时期和发展阶段，不断被想起，又不断被遗忘。对此，我们要努力回忆，同时保持敏感。

金秋野

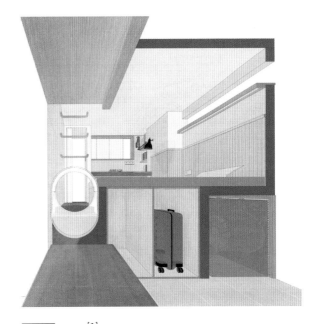

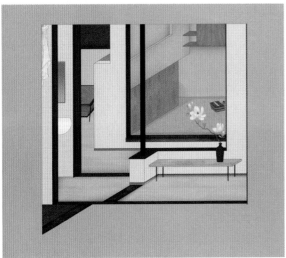

**参考文献**

[1]
金秋野 . 向心而居 [J]. 建筑学报 ,2018(12):71-76.

[2]
赵扬 . 造一座不抗拒生活的房子 . 北京：北京联合出版公司，
2020：180.

[3]
金秋野 . 棱镜宅 | 翟女士家 [J]. 建筑学报 ,2020(07):68-72.

图 11：
棱镜宅的整体轴测和正轴测 ∧

图 12：
于女士家儿童房透视 ＞

# 项目列表 Context

**树塔居**
项目团队：金秋野，刘雁鹏，李天，张泽宇
建成状态：建成
设计时间：2017 年 6 月 — 2017 年 9 月
建设时间：2017 年 10 月 — 2018 年 3 月
建筑面积：36 平方米

**叠宅**
项目团队：金秋野，王瑶，张迪，常涛
业主：高老师一家
建成状态：建成
设计时间：2018 年 11 月
建设时间：2018 年 12 月 — 2019 年 8 月
建筑面积：121.25 平方米

**小大宅**
项目团队：金秋野，王瑶，施聪聪
业主：李医生
建成状态：建成
设计时间：2019 年 5 月
建设时间：2019 年 6 月 — 2019 年 12 月
建筑面积：70 平方米

**棱镜宅**
项目团队：金秋野，王瑶，于遨坤
业主：翟女士
建成状态：建成
设计时间：2019 年 6 月
建设时间：2019 年 8 月 — 2020 年 4 月
建筑面积：29 平方米

**高低宅**
项目团队：金秋野，王瑶，徐大辉，秦鸿昕
业主：高老师一家
建成状态：建成
设计时间：2019 年 9 月
建设时间：2019 年 10 月 — 2020 年 8 月
建筑面积：39.8 平方米

**小山宅**
项目团队：金秋野，刘力源，刘楚瑶，常涛
业主：李先生一家
建成状态：建成
设计时间：2020 年 8 月
建设时间：2020 年 10 月 — 2021 年 3 月
建筑面积：54.4 平方米

**大山宅**
项目团队：金秋野，刘力源，高蕾蕾，许曦幻，
康艺欢
业主：张女士一家
建成状态：建成
设计时间：2021 年 1 月
建设时间：2021 年 3 月 — 2021 年 11 月
建筑面积：93.88 平方米

**三一宅**
项目团队：高蕾蕾，魏斌
业主：F 先生一家
建成状态：建成
设计时间：2021 年 7 月
建设时间：2021 年 7 月 — 2022 年 1 月
建筑面积：88 平方米

**卍字寓所**
项目团队：金秋野，刘力源，张靖雯
业主：蔚女士
建成状态：未建成
设计时间：2020 年 9 月 — 2020 年 11 月
建筑面积：30.23 平方米

**九间院宅**
项目团队：金秋野，常涛，魏斌，张靖雯
业主：张女士一家
建成状态：未建成
设计时间：2020 年 7 月
建筑面积：290 平方米

**舱宅**
项目团队：金秋野，刘力源，高蕾蕾，张彩阳，
许曦幻
业主：毛女士一家
建成状态：建成
设计时间：2021 年 3 月
建设时间：2021 年 5 月 — 2022 年 6 月
建筑面积：117.07 平方米（不含公摊）
使用面积：100.03 平方米（改造后）

**卤宅**
项目团队：金秋野，高蕾蕾，许曦幻，康艺欢
业主：张女士
建成状态：建成
设计时间：2021 年 7 月
建设时间：2021 年 8 月 — 2022 年 3 月
建筑面积：78 平方米

**六边庭**
项目团队：金秋野，常涛，刘力源，高蕾蕾
业主：禾描实木定制
建成状态：建成
设计时间：2022 年 2 月
建设时间：2022 年 3 月 — 2022 年 8 月
建筑面积：178.61 平方米
使用面积：257.00 平方米（改造后）

**舷宅**
项目团队：高蕾蕾，金秋野，贾晋悦，石俊杰
业主：张先生一家
建成状态：建成
设计时间：2022 年 2 月
建设时间：2022 年 3 月 — 2022 年 11 月
建筑面积：55 平方米

# 图片来源 Photos Source

**空非空：园林、湖石、剖碎和三维空间的复性综论**

图1a：皮拉内西绘制的罗马地图整体（1761）。来源：https://artsandculture.google.com/asset/large-plan-of-the-roman-campo-marzio-field-of-mars-in-rome-giovanni-battista-piranesi/eQFcUMOS6HLSxw

图1b：皮拉内西绘制的罗马地图局部（1761）。来源：https://artsandculture.google.com/asset/large-plan-of-the-roman-campo-marzio-field-of-mars-in-rome-giovanni-battista-piranesi/eQFcUMOS6HLSxw

图2：唯一神教教堂第一版设计方案。来源：https://divisare.com/projects/342858-louis-kahn-xavier-de-jaureguiberry-yale-university-art-gallery

图3：耶鲁大学美术馆屋顶。来源：https://www.archdaily.com/83071/ad-classics-national-assembly-building-of-bangladesh-louis-kahn?ad_source=search&ad_medium=projects_tab

图4：达卡议会大厦内外圈之间的交通部分。来源：https://www.archdaily.com/83071/ad-classics-national-assembly-building-of-bangladesh-louis-kahn?ad_source=search&ad_medium=projects_tab

图5：伯拉孟特绘制的圣彼得大教堂平面方案图，1505。来源：Ackerman J S. Origins, imitation, conventions: representation in the visual arts[M]. America: mit Press, 2002: 81，145，309

图6：伯拉孟特绘制的圣彼得大教堂平面方案，1506。来源：YOUNG M. Paradigms in the Poché[J]. 107th ACSA Annual Meeting Proceedings, Black Box, 2019: 190-195.

图7：一摸玩 / 大料建筑。来源：http://www.l-atelier.com

图8：达·芬奇绘制的人颅骨剖面。来源：Ackerman J S. Origins, imitation, conventions: representation in the visual arts[M]. America: mit Press, 2002: 81，145，309

图9：帕多西亚的12世纪岩石切割教堂，屋顶、地板和整个侧墙都从中脱落。来源：https://www.journeyera.com/goreme-open-air-museum-cappadocia/

图10：霍伊斯里的对比图。来源：柯林·罗，罗伯特·斯拉茨基．透明性 [M]. 金秋野，王又佳译．北京：中国建筑工业出版社，2008

图11：瓦尔斯温泉浴场一层平面。来源：https://www.archdaily.com/85656/multiplicity-and-memory-talking-about-architecture-with-peter-zumthor

图12：森山邸一层平面。来源：https://arquitecturaviva.com/works/casa-moriyama-tokio-3

图13：蒙德里安的绘画。来源：https://www.moma.org/collection/works/31863

图14：橡树园自宅。来源：金秋野拍摄。

图15：加尔维斯住宅。来源：https://en.wikiarquitectura.com/building/galvez-house/

图16：House N。来源：https://www.archdaily.com/7484/house-n-sou-fujimoto

图17a：圣乔瓦尼教堂手稿。来源：Ackerman J S. Origins, imitation, conventions: representation in the visual arts[M]. America: mit Press, 2002: 81，145，309

图17b：圣乔瓦尼教堂平面布局。来源：Ackerman J S. Origins, imitation, conventions: representation in the visual arts[M]. America: mit Press, 2002: 81，145，309

图18a：设定对称轴后结果。来源：廉志远绘制

图18b：第一次迭代后结果。来源：廉志远绘制

图18c：第二次迭代后结果。来源：廉志远绘制

图18d：第三次迭代后结果。来源：廉志远绘制

图19a：二维平面直接拉伸后结果。来源：廉志远绘制

图19b：球体位置矩阵分布后结果。来源：廉志远绘制

图19c：球体位置扰动后结果。来源：廉志远绘制

图19d：球体位置、表面形态进行干扰后结果。来源：廉志远绘制

图20a：实体、空腔的虚实关系。来源：廉志远绘制

图20b：实体赋予材质后的渲染结果。来源：廉志远绘制

图21：朗香教堂的剖面。来源：Benton T, Cohen J L. Le Corbusier le grand[M]. New York: Phaidon, 2008

图22：飞利浦馆。来源：Benton T, Cohen J L. Le Corbusier le grand[M]. New York: Phaidon, 2008

图23：TWA候机楼。来源：https://www.archdaily.com/788012/ad-classics-twa-flight-center-eero-saarinen?ad_source=search&ad_medium=projects_tab

图24：柯布晚年的雕塑。来源：Benton T, Cohen J L. Le Corbusier le grand[M]. New York: Phaidon, 2008

图25：贝壳素描。来源：Benton T, Cohen J L. Le Corbusier le grand[M]. New York: Phaidon, 2008

图26：柯布手持漂流木的照片。来源：Benton T, Cohen J L. Le Corbusier le grand[M]. New York: Phaidon, 2008

图27：留园中的"古木交柯—绿荫—明瑟楼—涵碧山房"区域。来源：改绘自：刘敦桢．苏州古典园林 [M]. 北京：中国建筑工业出版社，1979：318-319

**居室亦园林**

图1：19世纪中叶的留园平面复原图，入口空间位于今天的鹤所。来源：刘晓芳．苏州留园史研究 [D]. 苏州大学，2018年，第24页

图2：1910年郑恩照绘制的《苏州留园全图》，入口空间改到今天的位置。来源：同上，第50页

图3："九宫格"的空间延伸模式与"当下激活的区域"。来源：李力维绘制

图4："得克萨斯住宅系列"一号住宅的向心性特征。来源：John Hejduk, Mask of Medusa. New York: Rizzoli, 1985: 223

图5：留园"五石鹤区域"平面图中隐含的九宫格结构。来源：李力维绘制，底图来自刘敦桢．苏州古典园林，北京：中国建筑工业出版社，2005年，第342页

图6：留园"揖峰轩"内景，由南向北。来源：金秋野拍摄

图7：留园"揖峰轩"的九宫格空间格局。来源：李力维绘制，底图来自刘敦桢．苏州古典园林，北京：中国建筑工业出版社，2005，第342页

图8：留园"石林小院中庭"四个方向内景。来源：金秋野拍摄

图9：留园"石林小院中庭"的空间格局。来源：李力维绘制，底图来自刘敦桢．苏州古典园林，北京：中国建筑工业出版社，2005年，第342页

图10：留园"石林小屋"的九宫格空间格局。来源：李力维绘制，底图来自刘敦桢．苏州古典园林，北京：中国建筑工业出版社，2005，第342页

图11：留园"石林小屋"内景，由北向南。来源：金秋野拍摄

图 12：留园五峰仙馆东侧隙庭内景。来源：金秋野拍摄

图 13：留园五峰仙馆东侧隙庭的空间格局。来源：李力维绘制，底图来自刘敦桢．苏州古典园林，北京：中国建筑工业出版社，2005 年，第 342 页

图 14：以水面为中心格的留园整体空间格局。来源：李力维绘制，底图来自刘敦桢．苏州古典园林，北京：中国建筑工业出版社，2005 年，第 342 页

图 15：太湖石与多孔多窍的空间。来源：王永刚手绘，王永刚提供

图 16："树塔居"剖面轴测，"树塔居"炕间轴测图。来源：王瑶、张迪、常涛、施聚聪绘制

图 17："树塔居"起居室会客角。来源：金秋野拍摄

图 18："高低宅"轴测图 起居室方向。来源：秦鸿昕、康艺欢绘制

图 19："高低宅"从卧室看起居室。来源：金秋野拍摄

图 20："小山宅"轴测展开图。来源：刘力源绘制

图 21："叠宅"主要空间轴测图，"叠宅"炕间轴测图（起居室方向）。来源：张靖雯、王瑶绘制

图 22："叠宅"两个拱门的起居室一角。来源：金秋野拍摄

图 23："小大宅"填色轴测图。来源：王瑶绘制

图 24："小大宅"客厅。来源：金秋野拍摄

图 25："卤宅"轴测图。来源：康艺欢绘制

图 26："卤宅"从客厅看烟道餐厅。来源：金秋野拍摄

图 27："棱镜宅"室内。来源：金秋野拍摄

图 28："三一宅"轴测图。来源：赵卉文绘制

图 29："三一宅"室内。来源：陈向飞拍摄

图 30："大山宅"立轴测。来源：刘力源绘制

图 31："大山宅"通往儿童房的台阶。来源：孙海霆拍摄

图 32："大山宅"入口玄关。来源：金秋野拍摄

图 33："北京房子"展览模型照片。来源：王洪跃拍摄

图 34：从留园鹤所空窗看园景。来源：刘敦桢．苏州古典园林，北京：中国建筑工业出版社，2005 年，第 85 页

**将身体正确地安放在空间里**

图 1．苏州的残粒园，一个 140 平方米的园林。来源：刘敦桢．苏州古典园林．北京：中国建筑工业出版社，2005 年

图 2．杭州西湖边的中山公园里的"西湖天下景"亭子。图片左边石壁上的植物后面是另一个亭子。两个空间互不可见。来源：谢舒婕拍摄

图 3．周边的信息透过屏障进入中间的空间。来源：《Luis Barragán, capilla en Tlalpan ciudad de México/1952》Armando Salas Portugal

图 4：日本京都龙安寺的石庭是著名的枯山水。人们与庭园的关系是对望，是第三人称视角关系。来源：谢舒婕拍摄

图 5：无锡寄畅园中的八音洞与人的身体发生紧密的关系。人的身体在穿破一层又一层的空间，人的视线在不断探寻。这是第一人称视角关系。来源：谢舒婕拍摄

**树塔居**

图 1："树塔居"改造前后平面图。来源：李力维绘制

图 2：空间关系轴测图。来源：李力维绘制

图 3：炕间。来源：金秋野拍摄

图 4：从小床俯瞰起居室。来源：金秋野拍摄

图 5：从会客区看"大家具"。来源：金秋野拍摄

图 6：从入口看会客区。来源：金秋野拍摄

图 7：拱门下的盥洗区和卫生间门。来源：金秋野拍摄

图 8：从炕间看会客区。来源：金秋野拍摄

图 9：起居室全景。来源：金秋野拍摄

图 10：从起居室看阳台。来源：金秋野拍摄

图 11：会客区书架。来源：金秋野拍摄

**叠宅 | 高老师家 I**

图 1："叠宅"改造前后平面图。来源：李力维绘制

图 2："叠宅"空间关系轴测图。来源：李力维绘制

图 3：从书房透过拱顶看开放式厨房。来源：金秋野拍摄

图 4：从卧室走廊看开放式厨房。来源：金秋野拍摄

图 5：从开放式厨房透过拱顶看书房。来源：金秋野拍摄

图 6：从岛台看两个门洞。来源：金秋野拍摄

图 7：开放式厨房。来源：金秋野拍摄

图 8：叠宅的餐厅。来源：金秋野拍摄

图 9：从卧室走廊看炕间。来源：金秋野拍摄

图 10：从书房透过炕间和起居室看女儿卧室方向。来源：金秋野拍摄

图 11：炕间上层小床的爬梯和主照明灯。来源：金秋野拍摄

图 12：叠宅的炕间和朝向开放式厨房的磨砂窗。来源：金秋野拍摄

图 13：从炕间看开放式厨房。来源：金秋野拍摄

图 14：从玄关看衣帽间。来源：金秋野拍摄

图 15：主卧室一角。来源：金秋野拍摄

**小大宅 | 李医生家**

图 1："小大宅"改造前后平面图。来源：李力维绘制

图 2："小大宅"空间关系轴测图。来源：李力维绘制

图 3：从起居室看露台。来源：金秋野拍摄

图 4：小大宅阳台会客厅雪天外景。来源：金秋野拍摄

图 5：客厅读书角。来源：金秋野拍摄

图 6：小大宅起居室正面。来源：金秋野拍摄

图 7：从走廊看榻榻米房间小窗。来源：金秋野拍摄

图 8：入口猫窝。来源：金秋野拍摄

图 9：餐桌和猫的家。来源：金秋野拍摄

图 10：猫窝和灰泥走廊洞口。来源：金秋野拍摄

图 11：猫窝。来源：金秋野拍摄

图 12：卧室小通风窗，从走廊看。来源：金秋野拍摄

图 13：榻榻米房间的儿童学习桌，正对小窗口。来源：金秋野拍摄

图 14：卧室小通风窗。来源：金秋野拍摄

**棱镜宅 | 翟女士家**

图 1："棱镜宅"改造前后平面图。来源：李力维绘制

图 2："棱镜宅"空间关系轴测图。来源：李力维绘制

图 3：从玄关看厨房、卫生间和客厅。来源：金秋野拍摄

图 4：傍晚的起居区和麻布面的茶台。来源：金秋野拍摄

图 5：炕间看餐厅。来源：金秋野拍摄

图 6：从炕间透过转角窗看厨房。来源：金秋野拍摄

图 7：从厨房看炕间。来源：金秋野拍摄

图 8：从餐厅看炕间。来源：金秋野拍摄

图 9：客厅和架空小床。来源：金秋野拍摄

图 10：起居室。来源：金秋野拍摄

图 11：炕间一角。来源：金秋野拍摄

图 12：从炕间看客厅。来源：金秋野拍摄

图 13：从玄关看起居室一角。来源：金秋野拍摄

**高低宅 | 高老师家 II**

图 1："高低宅"改造前后平面图。来源：李力维绘制

图 2："高低宅"空间关系轴测图。来源：李力维绘制

**卤宅 | 张女士家**

图 1："卤宅"改造前后平面图。来源：李力维绘制
图 2："卤宅"空间关系轴测图。来源：贾晋悦绘制
图 3：起居室全景。来源：孙海霆拍摄
图 4：厨房和玄关。来源：金秋野拍摄
图 5：餐桌细节。来源：金秋野拍摄
图 6：填补缝隙的不锈钢构件。来源：金秋野拍摄
图 7：全景，从起居室到卧室。来源：孙海霆拍摄
图 8：从玄关看炕间。来源：孙海霆拍摄
图 9：从客厅看烟道餐桌。来源：金秋野拍摄
图 10：从盥洗区看厨房和卧室。来源：孙海霆拍摄
图 11：从炕间看书房。来源：金秋野拍摄
图 12：从厨房看书房。来源：孙海霆拍摄
图 13：分隔客厅和炕间的电视墙。来源：金秋野拍摄
图 14：用以连接各个区域的水平线。来源：金秋野拍摄
图 15：卧室一角。来源：孙海霆拍摄
图 16：卧室的窗。来源：金秋野拍摄
图 17：阳台上的梳妆台。来源：金秋野拍摄

**六边庭 | 禾描展厅及办公空间**

图 1："六边庭 | 禾描展厅及办公空间"改造前平面图；"禾描展厅及办公空间"改造后一层平面图；"禾描展厅及办公空间"改造后夹层平面图。来源：李力维绘制
图 2："六边庭 | 禾描展厅及办公空间"空间关系轴测图。来源：李力维绘制
图 3：从一层中庭望东侧窗。来源：金秋野拍摄
图 4：一层厨房上方的狭缝。来源：金秋野拍摄
图 5：从二层西侧平台看中庭。来源：金秋野拍摄
图 6：从楼梯看中庭。来源：金秋野拍摄
图 7：从入口看中庭一层。来源：金秋野拍摄
图 8：中庭的墙壁、洞口和植物。来源：金秋野拍摄
图 9：楼梯下的绿植和洞口。来源：金秋野拍摄
图 10：中庭仰望。来源：金秋野拍摄
图 11：一层展厅的客厅区域。来源：金秋野拍摄
图 12：二层展厅中层叠的洞口。来源：余栩拍摄
图 13：从一层缝隙中看中庭。来源：金秋野拍摄
图 14：中庭的墙壁和沙发。来源：金秋野拍摄

**舷宅 | 张先生家**

图 1："舷宅"改造前后平面图。来源：李力维绘制
图 2："舷宅"空间关系轴测图。来源：李力维绘制
图 3：上行踏步。来源：孙海霆拍摄
图 4：有风景的玄关。来源：孙海霆拍摄

图 5：玄关望向客厅。来源：孙海霆拍摄
图 6：全屋主视角。来源：孙海霆拍摄
图 7：独立的儿童房间。来源：孙海霆拍摄
图 8：水手床 儿童房。来源：孙海霆拍摄
图 9：船长的视野。来源：孙海霆拍摄
图 10：儿童桌。来源：孙海霆拍摄
图 11：儿童房的"狙击洞口"。来源：孙海霆拍摄
图 12：客厅的书架。来源：孙海霆拍摄
图 13：中岛。来源：孙海霆拍摄
图 14：厨房与玄关。来源：孙海霆拍摄
图 15：阳台长卷。来源：孙海霆拍摄
图 16：小茶龛。来源：孙海霆拍摄
图 17：阳台的洞口。来源：孙海霆拍摄
图 18：小轩窗与小舷窗。来源：孙海霆拍摄

**北京房子**

图 1-2：装置，兔子洞。来源：廉志远绘制
图 3-4：装置，烟道餐桌。来源：廉志远绘制
图 5-6：装置，猫的房间。来源：廉志远绘制
图 7-8：装置，光之井。来源：廉志远绘制
图 9-10：装置，管井会议桌1。来源：廉志远绘制
图 11-12：装置管井会议桌2。来源：廉志远绘制

北京房子，展览现场，摄影：王洪跃

**居住这件小事**

图 1：2000 — 2020 年建筑学报"住宅""居住"相关论文数量占比图。来源：张屹峰绘制，数据来源中国知网
图 2：2018 年全国大城市核心区人口密度柱状图。来源：张屹峰绘制，数据来源 2019 年各省统计年鉴
图 3：2000 — 2018 年北京市与全国商品房平均销售价格趋势图。来源：张屹峰绘制，数据来源 2019 中国统计年鉴
图 4：2012 — 2020 年北京东西城区商品房平均销售价格趋势图。来源：张屹峰绘制，数据来源安居客
图 5：国内不同时期几种典型的房屋套型格局。来源：于遨坤绘制
图 6：客厅为核心的居室布局和工作室模式的居室布局。来源：张屹峰绘制
图 7：小大宅平面及轴测。来源：徐大辉、王瑶绘制
图 8：树塔居、棱镜宅和高低宅的"大家具"轴测图。来源：秦鸿昕、王瑶绘制
图 9：蔚女士家的轴测，分别是中央工作室打开和关闭。来源：刘力源绘制

图 10：20 世纪 80 年代家庭居室内部照片（高清
来源：记忆图刊 . 八九十年代的"小康人家"[N
OL]. 新浪图片 .2016(03).http://slide.ent.
sina.com.cn/star/slide_1_45272_95947.
html#p=1
图 11：棱镜宅的整体轴测和正轴测。来源：秦鸿昕、王瑶绘制
图 12：于女士家儿童房透视。来源：刘力源绘制

# 金秋野 Jin Qiuye

北京建筑大学教授，建筑师，学者和建筑评论家，"金秋野建筑工作室"主持人。研究领域包括园林与传统设计语言的现代转译；复杂空间系统及其活力等。著有《花园里的花园》《异物感》等学术著作，主持《当代中国建筑思想评论丛书》《中国建筑与城市评论读本》等系列出版物，也是《光辉城市》《透明性》等理论专著的译者。与王欣联合编著《乌有园》系列丛书，与李涵合著《胡同蘑菇》和《楼房花朵》。

## 金秋野建筑工作室　jin architects

成立于 2019 年，工作范围包括建筑设计、室内设计、城市更新设计、景观与园林设计、建筑理论和评论、建筑经典翻译、建筑与艺术展览、教学与教育研究、建筑文化普及与学术交流等。

群岛 ARCHIPELAGO 是专注于城市、建筑、设计领域的出版传媒平台，由群岛 ARCHIPELAGO 策划、制作、出版的图书曾荣获德国 DAM 年度最佳建筑图书奖、政府出版奖、中国最美的书等众多奖项；曾受邀参加中日韩"书筑"展、纽约建筑书展（群岛 ARCHIPELAGO 策划、出版的三种图书入选为"过去 35 年中全球最重要的建筑专业出版物"）等国际展览。

群 岛 ARCHIPELAGO 包 含 出 版、 新 媒 体 与 群 岛 BOOKS 书店。
archipelago.net.cn

图书在版编目（CIP）数据

居室亦园林 / 金秋野著 . -- 上海：东华大学出版社，
2023.1
ISBN 978-7-5669-2156-7

Ⅰ . ①居 … Ⅱ . ①金 … Ⅲ . ①住宅－室内装饰设计
Ⅳ . ① TU241

中国版本图书馆 CIP 数据核字 (2022) 第 234979 号

# 居室亦园林

**金秋野 著**

出品：群岛 ARCHIPELAGO
联合出品：波莫什
特约编辑：辛梦瑶
责任编辑：高路路
平面设计：on paper
版次：2023 年 1 月第 1 版
印次：2023 年 1 月第 1 次
印刷：上海盛通时代印刷有限公司
开本：787mm×1092mm，1/16
印张：17
字数：435 千字
ISBN：978-7-5669-2156-7
定价：218.00 元
出版发行：东华大学出版社
地址：上海市延安西路 1882 号
邮政编码：200051

出版社网址：dhupress.dhu.edu.cn
群岛网址：archipelago.net.cn
天猫旗舰店：http://dhdx.tmall.com
营销中心：021-62193056 62373056 62379558
本书若有印装质量问题，请向本社发行部调换。
版权所有 侵权必究

# A House is also a Garden

**by: JIN Qiuye**

ISBN 978-7-5669-2156-7
Initiated by: ARCHIPELAGO
Co-initiated by: BMS
Contributing editor: XIN Mengyao
Editor: GAO Lulu
Design: on paper
Published in January 2023, by Donghua
University Press,
1882, West Yan'an Road, Shanghai, China,
200051.
dhupress.dhu.edu.cn
Contact us: 021-62193056 62373056 62379558
archipelago.net.cn

All rights reserved
No part of this book may be reproduced in any
manner whatsoever without written permission
from the publisher, except in the context of
reviews.